U0174523

Basics Materials

设计师的材料观

曼弗雷德·黑格（Manfred Hegger）

[德] 汉斯·德雷克斯勒（Hans Drexler） 著

马丁·泽默（Martin Zeumer）

赵逸伦　王靖善　译

机械工业出版社

CHINA MACHINE PRESS

这是一本讲述材料与设计的小书。我们身边的一切都是物质的，从词源上讲，材料（material）是物质（matter）的派生词，起源于拉丁语中的mater或梵语中的matri，意为母亲。由此可见，人类在感受和操作材料的同时，也将它拟人化，并有了情感的联系。

本书以建筑设计师的视角展开，围绕材料进行简要精炼的阐述，从材料的选择、常见材料的类别、性能，到材料的设计方法，引导读者完整地了解材料与设计的关系。

本书既是建筑学及相关专业学生的经典教材，也适合作为设计爱好者的入门读物。在这个愈发数字化的时代，希望这本书成为一个契机，让读者能够重新审视和感知材料的世界，与材料建立自己的连接。

Manfred Hegger: Basics Materials, 2017

本书中文简体字版由Birkhäuser Verlag GmbH，授权机械工业出版社在世界范围内独家出版发行。未经出版者书面许可，不得以任何方式抄袭、复制或节录本书中的任何部分。

北京市版权局著作权合同登记　图字：01-2022-6764号。

图书在版编目（CIP）数据

设计师的材料观/（德）曼弗雷德·黑格（Manfred Hegger），（德）汉斯·德雷克斯勒（Hans Drexler），（德）马丁·泽默（Martin Zeumer）著；赵逸伦，王靖善译.—北京：机械工业出版社，2023.12
（建筑入门课）
书名原文：Basics Materials
ISBN 978-7-111-74566-2

Ⅰ.①设…　Ⅱ.①曼…②汉…③马…④赵…⑤王…　Ⅲ.①建筑材料　Ⅳ.①TU5

中国国家版本馆CIP数据核字（2024）第043730号

机械工业出版社（北京市百万庄大街22号　邮政编码100037）
策划编辑：时　颂　　　　　　　责任编辑：时　颂
责任校对：张爱妮　梁　静　　　封面设计：鞠　杨
责任印制：常天培
北京机工印刷厂有限公司印刷
2024年4月第1版第1次印刷
148mm×210mm·3印张·108千字
标准书号：ISBN 978-7-111-74566-2
定价：29.00元

电话服务　　　　　　　　　　　网络服务
客服电话：010-88361066　　　机　工　官　网：www.cmpbook.com
　　　　　010-88379833　　　机　工　官　博：weibo.com/cmp1952
　　　　　010-68326294　　　金　书　网：www.golden-book.com
封底无防伪标均为盗版　　　机工教育服务网：www.cmpedu.com

前言

　　建筑实体总是由材料构成的，所以，材料对建筑的效果和表现力起着至关重要的作用。建筑材料之重要，在于它不仅是建筑建造的物质基础，更作为一种媒介影响着建筑与人之间的交互。材料像一位叙述者，向人们讲述着关于建筑、结构和功能的故事。人们通过感官感知材料的同时，材料也在向人们表情达意。一些材料可以让建筑向外界敞开，看起来轻盈透明；另一些材料则可以让建筑具有整体且坚固的外观。如果设计师想要在建筑语言方面给人留下他所期望的深刻印象，那么材料的选择将是设计过程中绕不开的一步。对材料的选择和使用必须是慎重的，因为每一种材料都有其独特的品质，这些品质应该去支撑设计的意图，甚至在适当的时候帮助塑造设计。多种多样的材料为设计提供着无尽的可能性，使它们成为建筑师们非常理想的设计资源。

　　本系列丛书围绕专业领域中重要的基础知识展开，并为建筑学的学习提供一个可靠且实用的工具。其目的并不在于对专业知识进行全面的收集，而是向学生提供简明易懂的解释，并帮助他们针对学科中各个领域的重要问题和影响因素形成自己的理解。

　　本书的首要目的，是论述材料和建筑构件的物质性。因此，作者没有提供一个整体而全面的概览，而是着重于探讨材料与设计的关系，以及人们感知材料与建筑的方式，探讨在设计过程中如何带着深刻见解来选用材料，以及它们为设计提供的广阔可能性。本书首先介绍了材料的基本特性，这有助于读者在材料的物质世界和精神世界中找到方向。接着，本书系统地讲解了几类最重要的建筑材料以及它们的特性。最后，针对如何用材料进行设计，本书总结了典型的设计方法和原则。

　　通过阅读本书，读者将积累起有关材料选用的各种知识，从而帮助他们把自己的设计变得更生动，更富有表现力。

伯特·比勒费尔德（Bert Bielefeld），编辑

Contents

目录

1 绪论

　　建筑的设计与建造，是一个给设计理念赋予物质表现形式的过程。这种转译与建造的过程，以及建成后建筑实体对人产生的影响，都与材料的选择密切相关。材料的种类看似繁多，但是对于一个好的设计而言，需要用恰当的材料体现出与设计意图相匹配的"物质性"，因此真正合适的材料屈指可数。

　　那么"物质性"是什么意思呢？虽然这个词在当下的建筑讨论中很常见，但作为一个从其他领域引入后被滥用的术语，它的含义既不明确也不精确。"物质性"这个词经常被用于形容建筑的表面。材料的外观、触摸时的感觉、它们的气味以及声学特性，共同营造着特定的空间体验。

　　材料的表面只能体现出其物质性的一部分，严谨地说，主要体现了"视觉方面的物质性"。然而，对于材料的感知不仅仅基于视觉，还涉及其他的感官，所以物质性的含义必然不局限于材料表面的物质结构。

　　哲学上的定义创造了"物质性"一词，并做出了系统性的阐释[⊖]。它表明形体的存在离不开物质材料——即物质性的材料实体，同时，形体向人传递着对于材料物质存在的感受，引导人倾听物质材料。因此，物质性自材料中发生，在这个定义中，材料的许多方面融合成一个整体，物质成为真正有生命的事物。

　　不过，这样的解释依然无法涵盖物质性这个概念当中包含的所有主题。除了材料的表面、内部结构和由此产生的物理实体之外，还有一个在建筑中尤为重要的主题，即联想的层面。材料可以与特定的意

⊖　物质性：一种物质作为本体的存在方式。英文为Materiality（Material quality），德文为Materialität。物质性产生于人与物质的相互作用，是物质本身的"精神化"。德国哲学家谢林（Schelling）称其为"带有精神性的实体存在"（Spiritual corporeality）。——译者注

义相关联，并作为意义的象征。例如，石头代表着财富和权力，这种意义象征存在于每一个金融片区。总结一下，物质性有三个层次的意义：视觉的物质性，内在的物质性，联想的物质性。

对物质性的感知基于每个人独立的立场，没有对错之分。许多杰出的建筑师都发展出了他们各自的观点，他们将这些观点置于物质性的背景之下：仅举几个例子，阿尔瓦·阿尔托、安藤忠雄、路易斯·康都通过对材料的选择，为他们的建筑打上了持久的个人印记。

带着玩的心态跟材料打交道，带着乐趣对材料操作进行尝试，都丰富了建筑的内容。在这个过程中，创新对人的吸引力扮演了重要的角色，这一点每个建筑师都深有体会。许多建筑师通过选择新颖的材料寻求创新，这使得他们的建筑独一无二。材料选择所提供的可能性，越来越成为建筑界的中心主题。在设计中体现材料丰富的多样性，采用不同寻常的用法将材料"陌生化"⊖，对技术的极限和可能性进行探索，有意识地将材料"错误"使用，甚至从与建筑无关的领域中寻找材料并应用于建筑，这些都是当今建筑师们常常使用的一些设计手法。

材料的选择需要了解其性能的方方面面，但除此之外，也需要运用直觉和感受在特定的建筑文脉中寻找合适的材料。在本书中，我们将首先通过可以被客观评估的"硬性因素"来了解材料的物质性。重要的问题包括：材料暴露在怎样的外部条件下，这些条件是如何影响它们的？材料的选择如何才能系统化？通过这些"硬性因素"将认知基础建立起来以后，"软性因素"就会成为考虑的重点。因此，本书将引导读者从材料可应用的领域，到关于材料的设计策略，再到根据材料物质性发展其设计的可能性，完整了解材料与设计的关系。

"2 材料选择的基本原理"一章中将介绍材料选用涉及的基本问题。内容包括全生命周期中影响材料使用的核心因素，以及一个合理

⊖ "陌生化"是一个来自戏剧的概念。对象被多次感知之后，便会产生"感知的自动化"，从而习以为常。陌生化就是要摆脱这种"感知的自动化"，剥离为人熟知的东西，产生新异或惊奇的效果，以对抗"审美疲劳"和"思维定式"。——译者注

且可供参考的评估体系。"3 材料的类别"一章则列举了十几种典型的土建材料，并讨论了它们的选择标准、性能和应用领域。基于材料的性能，简明论述了材料应用和表达的可能性，并汇集起来形成材料的使用目录。"4 材料与设计同行"一章则介绍了两种不同的设计方法，即围绕材料来开展设计，和基于设计来选用材料。此外，还描述和解释了几种设计方法和原则，并讨论在设计中运用材料的可能性，以及如何从材料选用的视角处理设计问题，以期给读者提供思路。

2 材料选择的基本原理

在历史上很长一段时间里，建筑材料的选择是十分有限的，这些材料也都为人们所熟知。对于这些材料的加工和使用方法在实践中不断传承积累，人们对材料性能的了解和把控日益成熟。然而随着工业化的到来，这一现象逐渐被改变了。今天，建筑材料的种类繁多，因而出现了如"材料侦察员（Material scout）"这样的材料领域专家，他们研制新材料，并为建筑师提供关于材料特性及使用的信息。在可供选用的材料越来越丰富的同时，材料的应用和表现也有了越来越多的可能性。作为建筑师，不必详细掌握材料的所有性能，但需要意识到材料之间的关联，以及最终呈现的效果。在设计以及之后的建造施工阶段，建筑师将综合考虑材料性能的各个层面。材料的不同特性将会推动建筑师设计的过程，这其中不仅包含与材料感知相关的特性，也包含与材料使用相关的特性，如生态、经济和技术特性等（图2-1）。

○ **提示：** "材料侦察员"一词并不是对职业的准确描述，而是建筑师可能从事的一个领域。在这个领域中，建筑师开发新的材料，研究材料的创新使用，有针对性地将材料的知识系统化以解决特定的问题，并且提供创造性的想法以支持建筑师的设计。

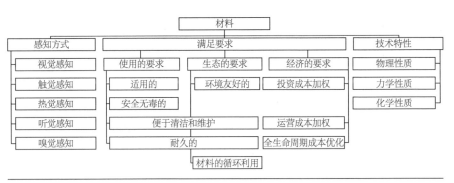

图2-1 材料的特性

2.1 感知材料

从人体构造的角度来说，我们的身、舌、耳、鼻和眼都是人体最主要的感官，各个部位都会因为外界刺激而受到影响。感知材料，需要调动人所有的感官，其中包括：

— 视觉：通过眼睛看

— 触觉：通过皮肤触摸

— 热觉：通过身体感受

— 听觉：通过耳朵听

— 嗅觉：通过鼻子闻

2.1.1 视觉感知

对人类而言，约有90%的外界信息是通过视觉获取的。所以，理所当然地，当我们考虑如何选择建筑材料这个问题时，视觉效果是首要考虑的因素。

材料表面　　光线是视觉的基础。眼睛对材料的视觉感知，就是光线经由物体表面的反射，将物体的形状、颜色以及细节传达给我们的眼睛。因此，光线照射到材料表面的这个过程，在视觉感知中起着至关重要的作用。建筑材料的表面特征——光泽或哑光、浅色或深色、均质或肌理等，是建筑设计的基础。工业化生产的材料，其平淡且光滑的表面，也可以与精心设计过的质感粗糙的材料（如木材、夯土）一样令人着迷，但这往往只有在细心观察时才能感受得到。当光线以小角度照射到材料表面时，会使构成表面纹理的细小颗粒更具光影效果。所以，选择好窗户的位置，或者利用好光源的方向，可以强调受光面材质本身的纹理质感（图2-2）。

透明性　　透明材料的使用，大大增强了材料在视觉上的透明性，甚至可以达到近乎空无一物的通透效果。半透明的材料（如纹理均匀的玻璃或塑料板材）和穿孔的不透明材料也能产生一定的透明效果。在视觉上，因为建筑材料的透明性，人们的视线得以穿过材料，最终，前后几个层次的材料或场景在视觉上形成叠加的效果。这样的叠加丰富了视觉内容，建筑将因观者视角的不同而呈现出多种效果。透明材料在

图2-2 混凝土表面的肌理

图2-3 玻璃上的印刷图案形成视觉遮挡

现代建筑中的大量使用，为建筑带来更多的自然光以及视觉上的透明性，同时为建筑创造了明快而有活力的氛围（图2-3）。

色彩

色彩也在材料的视觉效果之中扮演了重要的角色。浅色的材料更容易产生肌理感，因为眼睛在感知色彩之前，会首先捕捉到明暗的差异。在浅色材料的表面，光影的存在使这种明暗对比显得更为突出。相比之下，深色材料表面所呈现的明暗差异较小，不会有很强烈的阴影对比，所以其肌理感较弱，呈现为匀质的整体效果。

色彩同样影响着人们对空间的感知。给同样大小的空间分别赋予暖色和冷色，暖色的空间看似更小，而冷色则使空间看起来更大。不同的色彩还可以在潜意识中影响人的情绪：冷色让人平静并产生距离感，而暖色则会刺激人的情绪。

尺度

建筑材料的大小和尺度也影响着人们对它的印象。不同尺寸的纹理分别影响着人们对建筑近、中、远距离的感知，材料的预制程度、构件尺寸、纹理、连接方式和其他表面处理等，共同决定着材料的视觉效果。通过对这些方面的把握，既可以使建筑与其周围环境相匹配，也可以使其从环境中脱颖而出（图2-4）。

联想

在感知世界的过程中，人会将海量的视觉刺激归纳、筛选，只留下对自己重要的部分。同时，基于已有认知，观察者会在脑海中形成

图2-4　小块玻璃带来的破碎反射　　　图2-5　由尺度引发的联想

对这些刺激内容的独有印象。当人们看到熟悉的视觉内容，常常会同已有的印象产生关联，建筑师可以利用这一感知过程，借助于观察者已有的认知，带给他特定的印象。例如，在立面上使用不寻常的小规格砖块，会让建筑物显得特别高大，这是人潜意识中对尺度进行假设的结果（图2-5）。

2.1.2　触觉感知

在触觉感知的过程中，整个身体（尤其是手）都是我们的感官，人得以借其触摸材料的表面并感受其特性：平滑或粗糙，坚硬或柔软，冰冷或温暖。

如果手柄或扶手可以被整个握住，那将给人带来良好的握持感。而柔软的材料贴合手部形状，会带来舒适的触感。所以，使用看上去温暖柔软的材料，会提高人们对建筑部件（如栏杆、飘窗）的使用率（图2-6、图2-7）。

建筑材料的表面温度、辐射和热反射，会通过皮肤被人感知到。当皮肤所触摸的材料只从身体中吸收很少的热量时（如蓄热低、辐射高的材料），就会令人感到舒适和温暖。在触摸重型建筑材料（如钢铁或混凝土）时，由于材料会从身体吸收更多的热量，于是就给人留

图2-6　粗糙、坚硬且冰冷的扶手　　　　图2-7　被皮革包裹的把手

下冰冷的印象。

2.1.3　热觉感知

　　材料也可以对室内气候产生影响。人对于环境温度的感知不需要依赖与材料的直接接触，当人们靠近材料，皮肤会自然而然感受到材料表面温度与室温的差异。缺乏向外热辐射的材料会给人带来凉意；反之，如果热容量高的固体材料白天暴露在阳光下蓄热，那它将在夜晚"发挥余热"。

　　四个基本参数影响着人对于室内热环境的感知：空气温度、空气湿度、热辐射和气流速度。四个参数综合形成了对于室内气候舒适感（基于人体感受）的评价，其中，空气湿度的影响尤其显著。空气湿度影响人体的蒸发散热，比如在炎热的夏季，体感温度会随湿度的升高而升高，而在寒冷的冬季，则会随湿度的升高而降低。某些材料可以通过其表面孔隙的吸附作用，吸收空气中的水分，达到调节湿度的效果。这类建筑材料（如石膏和黏土）有利于形成舒适的室内气候（图2-8）。　　　　○

○ **提示**：吸附作用，即建筑材料从空气中吸取水分并储存在其表面。材料对于空气中水分的吸收或释放，取决于环境湿度的高低。

图2-8 夯土保温墙

室内气候　　当采用低蓄热材料，室内易形成"棚屋气候"，尤其当外部气温过高或过低时，外部气温会对室内温度产生强烈影响。与之相反的是"城堡气候"，具有高蓄热性的建筑材料能够减少室温的波动幅度，避免室内热环境受外部的极端温度影响，有利于维持稳定的室内气候。

2.1.4 多感官协同

在视觉感知的基础上，叠加其他的感官体验，有利于人对于材料特性的感知进一步具体化。除了前文已经提到的感官以外，听觉和嗅觉也很重要。当人走在一条沙子路上，会听到颗颗沙粒相互碰撞发出的微弱沙沙声。当人闻到木材的气味，幸福、安宁的感觉会油然而生。一种材料所涉及的感官越多，这种材料（及其所形成的空间）就越能给人带来饱满而完整的空间体验。

○ **提示**：记忆的深刻与否也会受到感官感知的影响。因此，刺激到的感官越多，记忆越有可能保留长久。

想要有意识地刺激和增强对材料的感知和体验，设计师可以使用 对比
两种方法。方法一，在材料感知的过程中加入反差体验，例如与视觉
效果相反的出乎意料的触觉效果。人预期的感觉没有出现，反差带来
了一种独特的体验。然而，如果这种反差超过一定程度，它也会令人
在潜意识中感到不适。

方法二，运用材料创造一个丰富但又和谐的整体印象。视觉感知 统一
和其他感知层次的统一与和谐，有利于形成生理的舒适感。各方面的
印象相互结合、补充，形成了一个饱满且整体的材料印象。在建筑
中，各个感官的体验同时发生，人就获得了感知的广度。但是如果某
种体验重复过多，最终引起了情绪过载，那和谐统一的印象也可能被
翻转，最终回归于乏味平庸。

2.2　材料要求

一种材料之所以被使用，必然满足或实现了某些特定的功能和要
求。材料所具有的关乎使用的特性，决定了这种材料对所有者或使用
者的实用价值。也可以说，这些特性直接定义了材料的使用目的。对
材料的要求有很多，大致可以分为以下四类：

— 舒适性要求
— 在自然环境中庇护使用者的要求
— 维持材料性能的要求
— 环境保护的要求

2.2.1　舒适性要求

对于表面与使用者发生直接接触的材料，接触部分需满足触摸舒
适的要求。尤其是地板、墙壁和顶棚表面，以及可移动部件（如门
窗）。通过技术指标体现出来的舒适性，只是舒适性中很有限的一部
分，因为只有个别性能可以被量化（参见本书"2.3　技术特性"），
如弹性（PVC）地板的防静电性能。对于其他不可被量化的部分，设
计师只能依靠自己的经验和感觉做判断。

任何一种材料都应达到的基本要求是，它不应对人体健康构成风 安全健康

险，因此也不应影响卫生。根据过去的经验，往往在人们质疑其安全性很久之后，对健康有害的物质才被确切证明为有害。

舒适的热环境　　营造舒适的室内气候，一般要靠隐藏在表面面层后的功能性材料。隔热材料可以防止建筑物内部的热量向外耗散，并使材料表面与空气的温度维持在舒适的水平。材料的蓄热量有助于平衡材料表面与空气之间的温度，除此之外，材料还会从空气中吸收水分，从而使室内温度与湿度的变化趋于平稳。防风密封条与墙体结构中的密封层，以及可移动构件（如门窗）的密封，可以减少令人不适的空气流动。

舒适的声环境　　声学舒适性是通过消除噪声干扰来实现的。根据传播途径，噪声可分为两种：由空气传播的空气声，由建筑结构机械振动传播的固体声。

　　使用表面带有开孔的建筑材料可以吸收空气中的噪声。尺寸适当的吸声材料（材料弹性越大，表面微小的孔洞越多，则对声音的反射越少，吸声性能越好）可以减少房间内的回声，使发言更容易被听清。对于单层的均匀密实墙体来说，隔声量与墙体单位面积的重量（即面密度）成正比。增大材料的密度可以增强对中低频声音的吸收，减少通过结构传播的固体声。

　　任何墙体都存在固有的共振频率，当声波的频率和墙的共振频率一致时，墙体整体产生共振，该频率的隔声量将大大下降。如果墙体是轻型结构（如轻钢结构），而不是由坚固的实体建筑材料（如混凝土）构成的重型墙，为了防止共振，可以使用不同厚度的板进行叠合（减弱吻合效应）、分离式构件、弹性连接等技术措施来减弱声音的传播。

2.2.2　在自然环境中庇护使用者的要求

　　建筑建造的最初目的，便是保护人们免受恶劣天气或其他环境条件的不利影响。因此，外墙作为室内外环境相互作用的交界面，有必要在自然环境中持续为人提供庇护，满足关于建筑使用的诸多要求（图2-9）。

○ **提示**：对健康构成风险的物质通常存在于表面涂层、胶粘剂中，但也偶见于（如地板的）弹性面层或纺织材料中，在选用时应注意甄别和防护。

○ **提示**：如何区分声音和噪声。声音指的是事物或情况在声波上的表现，无论音量如何，声音所传达的信息都具有一定的价值。而噪声则是令人感到厌烦或有害健康的声音。

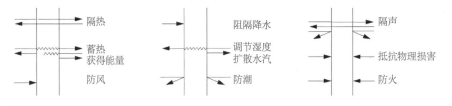

图2-9　外墙需满足的要求

空气中的化学物质（如自由基、臭氧）会侵蚀材料的分子结构导致材料表面发生老化现象，使其更容易被污染或是透明度（或半透明度）下降。因此，对于建筑的外表皮，应使用耐紫外线照射的材料。　　光和空气

暴露在自然中，或在潮湿空间中使用的材料，必须具有防潮的性能。将防水层在材料接缝处包裹、在边缘延伸，可增强墙体抗霜冻的能力，有助于保护材料的质量和性能。由于水蒸气在凝结时体积会增大，如果没有防水层的保护，水蒸气会渗入墙体并在围护结构内部产生张力，导致墙体材料遭到破坏，整座建筑的热工性能都会受到影响。此外，还应特别注意防止潮气和地下渗水对建筑物墙体、地面等部位的侵蚀。因为，对于在这种情况下受损的材料，需要在事后付出巨大的代价才能将其替换以恢复建筑的热工性能。举例而言，砌体墙下部应有水平防潮层，用于防止土壤中的水汽沿基础上升后渗入墙内。　　防潮

热膨胀是物质在温度变化时出现的体积变化的现象。所谓材料的热胀冷缩，即随着温度的升高或降低，材料发生膨胀或收缩的现象。如果在长边方向上没有足够的空间供材料膨胀，那么在边界处的力就会增大。当两种不同硬度的材料在边界发生接触，相对柔软的那一个将不可避免地遭受损坏。因此，各个结构元素之间应保持足够的距离，使它们不会相互接触，这就是设置伸缩缝的原因。伸缩缝的设置要综合考虑设计意图、施工或法规的要求，其最小尺寸取决于所选材料的长度以及长边方向的热膨胀系数。　　热膨胀

2.2.3　维持材料性能的要求

材料必须在日常使用中发挥其作用。实验室条件下对材料耐用性

的测试是理想化和片面的。在日常使用中，材料将面临更为复杂的环境和情况，甚至包括对材料不正确的使用。如果材料的边缘强度较低，那么可以通过设计加强件，在边缘和角部上起结构辅助作用，并作为一种设计特征引起人们对特定材料特性的注意。

耐磨性

○ 硬度、耐磨性和荷载等级决定了材料抗磨损的能力。尤其是楼地面材料，必须满足苛刻的要求：磨损增加会导致材料表面光泽度下降，甚至留下严重的磨损痕迹。通过在建筑物入口处设置带有大尺寸擦鞋垫的洁净步行区域等措施，有利于室内地面材料的维护，延长材料的寿命。这些区域一般由金属、塑料或纺织品制成，它们的外观表现并不局限于材料自身的特性，而可以选择与地面材料相适配。

维护的需要

在设计阶段，就应该考虑到材料表面维护和保养的需求。对材料而言，清洁也可能成为一种特殊类型的伤害，因为它也会对材料表面造成磨损甚至永久性的损坏。在墙壁与地板接触的地方安装踢脚板，可以避免墙壁因清洁而受损坏。类似这样的细节看似微不足道，实际上无处不在。除了满足实用的功能，它们还增强了建筑的材料表现。

耐久性

○ 材料应尽可能持久、稳定地发挥作用，这一属性在技术方面被称为耐久性。如果一座建筑的规划使用期限较短，如展览中心，那么可以预先对材料的耐久性进行适当规划。如果无法设置期限，那么所有的材料都应该尽可能的耐用。由于每一种材料的功能需求不同，所以对耐久性的要求也不相同。因此，每一个建筑部件都应能在不破坏其他部件的情况下被替换。基于这一要求，分层结构被发展出来，例如在墙壁分层结构中，包含了技术设备、保护性表面、保温隔热材料、承重结构四个层次（图2-10）。

老化

老化的过程，是"短暂"和"衰退"存在的证明，然而从积极的角度看，老化是时间性和生命性的显现。像人类一样，建筑物及其材

○ **提示**：硬度是形容材料抗磨损的属性。耐磨性描述了在一定荷载条件下材料的磨损情况。而荷载等级，是在类似的磨损行为下，对材料负载能力的分类。

○ **提示**：耐久性，或称使用寿命，是指一个建筑部件保持其原有性能的时间。

图2-10　带有附加设备的再生砖墙　　　　图2-11　木材立面的老化

料也可以有尊严地老化。几乎所有材料经过一段时间的使用后，都会显示出磨损的痕迹，无论是受环境影响还是因为人的使用。有意思的是，材料的老化可以在视觉上表现为非常吸引人的形式，比如自然的铜绿锈。设计师可以将材料的老化作为设计的一种操作手法，比如，利用金属表面接触空气会发生氧化的特点，在耐候钢或铜的表面形成独特的氧化图案。

　　这个在建筑外立面使用松木的案例，清晰展示出材料老化的过程：由于受到紫外线辐射的影响，松木的色调以比其他材料更显著的速度从最初的颜色（红色）变为灰色，这是对自然和天气的反应。辐射破坏了木材中的天然色素，不过在受到屋檐遮蔽的部位，色素可以留存得更久（图2-11）。值得一提的是，那些最初被视为时尚、创新的材料，随着其使用年限的增加，老化的迹象会显现出来，审美吸引力会随之下降。于是，它们很快就不再显得时髦和流行了。

　　如果老化的过程和使用的痕迹可以被接受，那么这两者也将同样塑造着材料的外观。建筑是可阅读的，这些带有痕迹的材料，能向我们讲述关于这座建筑的动人往事（图2-12）。

　　有些材料不会显示老化的迹象，如玻璃或抛光石材。时间似乎不着痕迹地从它们身上流过（图2-13）。

图2-12　德国国会大厦墙上的涂鸦　　　　图2-13　不带岁月痕迹的玻璃立面

2.2.4　环境保护的要求

建筑业消耗了大量的资源，并产生出巨量的建筑垃圾。因此，设计过程中的决策会对环境产生重大影响。在建筑的全生命周期中，严重的生态影响通常伴随着财务超支的发生。正是因为这一点，在选择材料的时候更审慎地考虑对环境的影响，显得意义重大。

熵

例如，铝是常见的建筑材料，从铝土矿中提炼铝的过程需要消耗大量的水和能量。这也意味着，会有更多的重金属被排放入水中，并最终进入食物循环。这引发了一个被称为"熵"的物质流过程。从环保的角度，我们的行动目标应该是始终产生尽可能低的物质流，以达到较低的熵值。[◯]

◯

> ◯ 提示：熵表示物流和能量流的混合，实际上表现为世界无序程度的增加。在一个孤立的系统中（如地球），熵不会自发减少，只会增大或不变。孤立系统不可能在不产生其他代价的情况下，整体变得有序。

———————

◯　"环境保护"的意义不仅仅局限于环境，它是一种选择方式、一种生活方式，它是指人类有意识的、谨慎的选择和活动，其目的是尽可能减缓整个地球熵的上升。——译者注

材料利用的理想方式，是使其处在一个闭环的物质循环中，即废物可以再次成为有价值的原材料并被重复利用。材料循环利用的程度，对其生态价值、原材料的保留和材料中储存的能量都至关重要。材料的循环可以分为再利用（材料的重复使用）、能量回收利用（从废物中回收化学原料）和循环再生利用（将经过处理的废物用于新的用途）。在循环再生利用中，分为降级再造（材料质量下降的材料循环）和循环利用（材料质量保持不变的材料循环）。

材料循环利用

生命周期评价（Life Cycle Assessment，LCA）是一种从环境技术角度，系统评价建筑材料对环境影响的方法。它将建筑生命周期各阶段对环境产生的负荷分为若干个环境影响类型，如一次能源消耗（PEI）、全球环境变暖指数（GWP）和臭氧破坏潜力指数（ODP）等。在各个影响类型中，给各种污染物质赋予特征化因子，进行特征化计算，从而得到一个可供比较的特征化指标的具体数值，用以确定在该影响类型中最主要的污染物是什么（表2-1）。

生命周期评价

无论选择何种材料，以下内容一般都适用：

— 克制地进行建造活动对环境有利。

— 相比于混凝土或砌体结构，应优先选择耐用的轻型结构。

— 使用能够存储二氧化碳的材料会对环境产生积极的影响。

— 不外露的建筑构件较易于进行优化（因为可以采取不考虑外观效果的做法）。

— 建筑物的设计使用年限越长，对不同使用阶段的考虑就越重要。

— 耐久性低的部件对环境的污染更大，因为更新带来的环境成本会累积得更快。

— 在住宅建设的过程中，由于使用的材料规格较小，装饰完成度较高，因此需要更多的加工步骤，也产生更多的边角废料，对环境的影响尤为显著。

建筑材料的生态标准越来越受到关注。这不仅不会限制设计，反而丰富了规划和设计的内容，并可以通过提出新问题和新方案，在设计过程中产生更多创造力。例如，在明显的位置将某种材料循环利用，将被视为有利于可持续性的做法，并且可以为建筑材料赋予另一层深意。

表2-1 生命周期评价的主要环境影响类型

环境影响类型	缩写	单位
一次能源消耗（不可再生能源）	PEI	MJ
一次能源消耗（可再生能源）	PEI	MJ
全球环境变暖指数	GWP 100	kg CO_2 eq
臭氧破坏潜力指数	ODP	kg CCL_3F eq
酸化潜力指数	AP	kg SO_2 eq
富营养化潜力指数	EP	kg PO_4^{3-} eq
光化学臭氧形成（光化学烟雾）潜力指数	POCP	kg C_2H_4 eq

2.3 技术特性

技术特性是材料选择的关键。只有考虑到材料的技术特性，基于它的"内在价值"，它的物理、力学和化学性能，才能决定是否选用某种材料。

物理性能　　基本的物理状态参数适用于所有的建筑材料：表观密度（材料的质量与表观体积之比）是一个核心参数，它可以推断出热容量或导热性等其他性能，从而从技术角度得出一个对材料的初步总体印象。

力学性能　　力学性能在很大程度上限制了建筑材料应用的范围。它包括材料的强度和刚度，塑性和弹性，以及表面硬度。力学性能往往与热工性能以及与水有关的性能相关联，例如天然石材的抗冻性。天然石材的一个重要力学性能是它的耐磨性，即抵抗磨损的能力。耐磨性越强，则密度和抗压强度越高，而这两者同时又是低吸水率的基础。吸水率是抗冻性的一个关键特征，由石材的孔隙率和毛细吸水系数决定。例如，砂岩具有较高的吸水率，那就意味着要注意砂岩的防水，以免雨水侵入建筑。在表2-2中，总结了材料技术特性中最重要的一些性能。

○ 提示：莫氏硬度，是一种利用矿物的相对刻划硬度来划分矿物硬度的标准，被测矿物的硬度通过与莫氏硬度计中标准矿物互相刻划比较来确定，最终得到两种材料硬度的相对关系。按从1（滑石，最软）到10（金刚石，最硬）的等级，对矿物的硬度进行排名。

○ 提示：水蒸气扩散阻力系数，用于描述材料的水蒸气扩散阻力水平，通过空气静止层为了达到与材料样品相同的水蒸气扩散阻力水平所必须具有的厚度来衡量。

表2-2　材料的重要性能及单位

性能分类	性能	符号	单位
物理性能	表观密度	ρ	kg/m³
	导热性	λ	W/（m·K）
	比热容	c	J/（kg·K）
	热容量	S	—
力学性能	莫氏硬度	HM	Wh/m²K
	抗压强度	f_c	N/mm²
	抗拉强度	f_t	N/mm²
	弹性模量	E	N/mm²
热工性能	热膨胀系数	α	1/K
与水有关的性能	水蒸气扩散阻力系数	m	—
	吸水率	ω	kg/m²h^0.5

化学性能

　　建筑材料的化学表现会因为材料与化学品的直接接触或者受环境的影响而发生改变。它们包括腐蚀（尤其是金属的腐蚀）、盐的浸出（矿物胶结材料、陶瓷等）、抗紫外线（如塑料）以及与其他建筑材料（如胶粘剂和嵌缝材料等）的反应。

材料选择的核心问题

　　在选择材料时，设计师面对的核心问题主要来自于对功能的要求以及对效果的预期：

　　— 人的哪些感官将被刺激到，人将如何感知材料？
　　— 基于建筑材料的预期使用功能，哪些自然的或与使用相关的因素会对其产生影响？

　　一方面，这些问题可以通过具体的材料性能来回答，并且通常可以简化成为数不多的几个技术特性。另一方面，材料性能的探索也可以开拓新的应用领域，带来创新的使用方法以及令人惊讶的可能性。

3 材料的类别

在下文中，将对典型建筑材料的特性进行更详细地阐述。一旦明确了材料的使用目的，就可以确定材料的关键性能，也就可以对几种不同的材料进行比较。比较的第一步，是将材料根据类似的特性进行分组。这将大大减少所需的工作量，并使设计者对某一材料组或某一特定材料的预期特性更加敏锐。

3.1 建筑材料类型学

在寻找材料的替代品时，面对海量多样的建筑材料，首先可以借助材料类型学来合理有效地梳理各种材料及其特性。根据成分、结构和制造方式对材料进行分类，这让材料的选择变得更快捷，并且会促进新品与替代品的开发。

根据不同的组成成分，我们首先可以将材料区分为有机材料和无机材料（表3-1）。

在无机材料中，矿物建筑材料总是首先与块状实心建筑构件联系在一起，而金属材料因为具有很强的可塑性，会与平板或条形构件联系在一起。

基于材料成分的分类

表3-1　根据材料成分进行分类的建筑材料

		无机材料		有机材料
		（非金属）矿物材料	金属材料	
典型材料		天然石材 水泥 玻璃 砖	金属	木材（植物材料） 沥青（沥青材料） 塑料（合成高分子材料）
相关特性	密度	中	高	低
	强度	脆性的，抗压强度高，抗拉强度低	坚硬，抗压强度高，抗拉强度高	坚硬，抗压、抗拉强度取决于内在结构
	导热性	中	高	低
	可燃性	不可燃	不可燃	基本可燃

不过，前文提到的两个"联系"仅适用于均质材料。对于复合建筑材料制成的构件而言，一个构件可以在结构部件中同时发挥几种不同的功能。钢筋混凝土楼板就是一个很好的例子：虽然它的外观好像是均质石材，但是在内部，它通过钢筋吸收外部的拉力。在由多个构件组成的结构部件中，各个构件的性能经过复杂的相互作用，综合决定了结构部件的性能。例如，混凝土特定的pH值可以保护钢筋不被腐蚀。钢筋吸收拉力，反过来防止混凝土板弯曲，从而避免裂缝的形成。因此，只有当这些材料开始协同工作时，材料复合的合理性才能充分体现出来，每一种材料及其性能特点才能对整体做出最大的贡献。

● **重要提示**：对材料的认知与选用，需要将材料与它的特性结合在一起考虑。当不同材料的特性在使用中被整合，并且被全面地利用时，就体现出了材料使用的合理性。

系统性地进行性能优化的理念，正在被越来越多地付诸实践。例如，玻璃早已不是一种单一材料，而是一个材料组，其中包含了多种可能的特性、表面处理方式以及分层构造顺序，给玻璃的功能和设计提供了无限的可能性。今天，在已经为人所熟悉的材料和表面效果之间，如果能够发生新颖的相互作用，就会带来卓越和创新的建筑成就。

对材料进行分类的另一种方式，是根据材料的微观结构组成进行分类（表3-2）。

表3-2　建筑材料的微观结构分类

		非晶体材料	晶体材料	纤维材料
材料		玻璃	金属	木
		塑料	黏土	
		沥青	砖	
相关特性	方向性	无方向性	基本无方向性	有方向性
	导热性	低于晶体材料	高于非晶体材料	低导热性
	强度	比晶体材料更坚硬	比非晶体材料更脆	沿纹理方向具高抗拉强度

图3-1 木质承重结构

木材等纤维材料构成的结构，可以发展出相应的设计元素，对设计做出惊人的贡献。例如，它们可以成为承重层，或通过弯曲组成复杂的承重系统（图3-1）。

根据材料获取来源和生产方式的不同，也可以对材料进行分类。首先，根据材料的来源可以将其分为天然建筑材料（如土料、砂石料、石棉）和人工材料（如石灰、沥青、高分子聚合物）。其次，根据材料的完成程度可以分为未成形材料（如胶粘剂、油漆、沥青）、中间材料（已加工但还需要进一步加工，如切割石材、胶合板、线材）、成形材料（如木梁、瓦片）以及半成品。材料生产的工艺也是一个分类因素：天然材料往往通过减材工艺生产，而人造材料通过增材工艺和塑形工艺生产（表3-3）。

基于来源与生产方式的分类

表3-3 建筑材料根据来源与生产方式分类

	天然建筑材料	人工材料
获取来源	分解与提取	原材料制造
生产加工	原材料	未成形材料
	经加工的原材料	中间材料
		成形材料
生产工艺	减材工艺	减材工艺
		增材工艺
		塑形工艺

图3-2 多样的木制构件

基于规格的分类　　建筑材料的规格各不相同。填充类材料（如碎石）相互之间的约束关系较弱，因此需要一个外壳起结构支撑的作用。小尺度的材料需要被有效地组合成一个整体，才能作为建筑部件发挥效用。而实现材料的组合，需要将其根据所需的尺寸进行加工。重复的构件和连接的节点将会产生独有的美学。相比之下，大型建筑材料可以直接作为结构使用，例如剪力墙。因此，有必要在构造和功能的层面，同步考虑它们在建筑平面和立面中的设计。

通过对材料进行分类，可以获得一些信息（如材料的用途、可加工性以及建筑学方面的潜力）。以天然建筑材料为例，采集时的尺寸可以作为组合和使用的基本标准，在采集过程中留下的痕迹也可以被有意识地保留，作为一种信息体现在材料表面（图3-2）。

天然的材料被加工和美化得越精细，它原有的表观特征就越难以留存。随着工业的发展，制造和加工工艺对材料外观的影响愈发明显，材料原本的自然特征转而成为背景般的存在。建筑建造的工业化甚至智能化还需要一个漫长的过程，人类将在这条路上继续探索，一次又一次重新定义不断变化的技术边界（图3-3）。

每种材料及其特性都是空间设计的一部分，都将对空间做出贡献。因为材料的多样性和各异的使用方式，建筑获得了无穷的可能

图3-3 材料的创新使用

性。材料赋予建筑及空间非常独特的品质和效果，刺激人类所有的感官。下文将列举一些典型的建筑材料，对材料的可能性和设计方面的潜力进行研究，并以材料概况的形式进行比较（表3-4）。

表3-4 建筑材料概况

材料	特性	应用
木材 （参见第27页）	天然的、木材纤维具有方向性的、易于加工的建筑材料；沿纤维方向具备高抗拉和抗压强度；吸水膨胀；重量轻，导热性低；针叶树和橡木的纹理自然有力而粗糙，枫树、山毛榉和桦树的纹理细腻	适用于承重结构或者结构的承重层，可起到隔热作用；木板和木瓦可通过叠搭、组合和排列形成立面；也可用于制作高品质的家具和把手
木质复合材料 （参见第30页）	以木材为原材料制成，具有木材的特性；生产板材时，可以根据需求将木材纤维的定向结构进行重组；以木材废料为原料生产出的木质复合材料价格低廉	定向木板或木梁（在纵向上具有更大的强度和刚度）可用于承重结构，或作为结构的加固件。非定向结构的木质复合材料可用于家具、嵌入式模块、建筑表皮、隔热和隔声材料等
天然石材 （参见第33页）	根据成因不同，而具有层状或均匀结构的天然无机建筑材料；具有高密度、高硬度、高抗压强度，以及高导热性、高热容量、高耐候性的特点；通过精心的开采与加工，能够产生别致的材质效果	由于抗压强度高，可用于建造承重用的砌体结构；石材大部分性能都适合作为板材使用；在具有结构支撑的情况下，可以作为立面或地面的装饰材料使用
混凝土 （参见第37页）	被称为"液体石"，具备与天然石材相似的性能；可以通过改变添加剂来改变性能；因其在建造时处于流动或半流动状态，需要一个辅助承重系统（即模板）对混凝土起到支撑和辅助成型的作用	适用于壳体结构；只有在与钢或其他材料结合使用时才能吸收外部拉力；能够用于建造任意形状的建筑构件和承重结构
无机胶凝砌筑材料 （参见第40页）	具有与天然石材相类似的特性，但是表观密度和导热性往往更低。在生产过程中体积变化收缩较小，具有较高的尺寸稳定性	可用于砌筑接缝细小而具有整体效果的墙面。在导热性低的情况下，可以使用单层砌体。作为板材也可用于地面铺装

材料	特性	应用
无机胶凝板材 （参见第 43 页）	具有与无机胶凝砌筑材料相类似的特性。通常为非均质结构（例如，内部含有增强玻璃纤维，或表面为护面纸板），材料的复合提高了强度并减轻了重量	可用于墙体和结构的覆面板，水泥胶结的板材也可作为外墙挂板使用；具有隔声和防火的功能
灰泥和砂浆 （参见第 46 页）	根据胶结材料的不同，或高强度、高表面硬度且防水密封，或低强度、吸潮和透气；具有与无机胶凝砌筑材料相似的性能；加入添加剂可以让其具有一定弹性	可用作功能性保护层，例如用于防冻、防潮或防火。作为楼板面层可分散荷载压力。可作为带有各种纹理的墙壁、顶棚面层的抹灰
陶瓷和砖 （参见第 50 页）	具有较高的强度、硬度和导热性的无机材料，添加剂和塑形操作可能会降低这些性能；烧结程度低的陶器，其气孔率和吸水率较高，烧结完全的瓷器则相反；在生产过程中易变形，烧成收缩明显	用砖砌筑的墙体在尺寸上是基于八分模数体系的（注：基于 12.5 厘米的模数，即八分之一米），单层砌筑的墙体同样具有低导热性。可作为板材用于地板和外墙挂板
金属 （参见第 53 页）	有光泽且具有弹性的材料，具有高密度、高抗压和抗拉强度，较好的导电性与导热性。表面会发生锈蚀，进而形成持久的保护层。可塑性强，具有丰富的造型可能性	经过力学优化的金属杆可作为承重结构或混凝土中的钢筋使用。金属板或金属片可以用作装饰材料，特别适合在室外使用。此外，金属还可用于制造预制件，如支架、把手、管道等
玻璃 （参见第 59 页）	非结晶、脆性、透明的材料，具有较高的表观密度、抗压强度和硬度。玻璃的承重能力取决于其表面张力；具有中等的导热性，表面添加涂层可以降低导热性	可用于透明的立面和窗户。通过不同的表面处理可以减少透光率。或通过在一侧镀膜，使这一侧反射率极高只允许光线从另一侧通过，从而制成单向透视玻璃
塑料 （参见第 64 页）	通常是半透明的致密有机材料，导热性低，表观密度小；具有弹性和较高的抗拉强度，受热易膨胀；通过材料的复合以及成分的调整，可以产生几乎任何性能	可以作为普遍适用的材料，从高强度的纤维复合型材，到室内装饰面以及外墙板，再到密封条（膜）。也可用于生产功能性材料，如涂层和胶粘剂
纺织品和膜材 （参见第 68 页）	软性材料，导热性低，只能承受拉力。材料的结构通常为二维平面，只有毛毡是三维结构。可以经涂层处理而具有防水性能	适合作为能够防风雨的弹性织物使用。可以用作住宅中地板和墙面的覆盖物、移动的房间隔断，以及座椅垫和门把手套。也可以用于生产能够在建筑部件之间起隔声作用的毛毡

3.2 木材

木材是一种被广泛使用的可再生建筑材料。它的使用方式丰富多样，而且成本低廉。木材易于加工，并且会根据树种的不同而带有相应的独特气味。木材表面天然带有颜色和纹理，并可以随着时间的推移而变深或变浅。当人触摸木材时，木材不会从人体中吸收太多热量，因此会给人愉悦、感性和温暖的感觉。

○

木材是由无数管状的木材细胞紧密结合而成的，细胞壁的形态和结构，决定了木材具有质量轻、强度高的特点。由于木材纤维基本沿着树干方向（纵向）排列，所以木材的纵向能够比横向承载更大的拉力、压力和弯曲荷载。因此，按照木材原本作为树木承受重力和风荷载的受力模式去使用木材，可以发挥出木材最佳的力学性能（图3-4）。此外，木材具有低热导性与高热容量相结合的特点，还具有较好的二氧化碳存储能力和循环利用的潜力，是较环保的原材料。

结构与性能

木材会随着温度的升高而膨胀，也会随着湿度的升降而发生膨胀和收缩。这就是所谓的"湿胀干缩"，即当环境湿度较高时，木材吸收水分，将其储存在细胞中，长度和体积发生膨胀；当湿度较低时，又将水分释放出来，长度和体积均产生收缩。在设计和建造的过程中需要考虑到木材的湿胀干缩，干缩使木结构构件连接处产生缝隙，而

膨胀和收缩

> ○ **提示：** 木材是一种复杂的有机化合物，其有机成分非常类似于塑料（见第64页），其具有的纤维结构和纹理的观感，会在生产木板时被充分考虑并利用（见第30页）；木材作为建筑结构材料，其使用方式与金属十分相似（见第53页）。

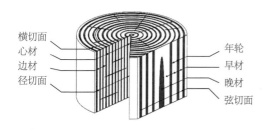

图3-4　树干的结构以及木材干燥后截面尺寸形状的改变

导致接合松弛。为了避免这种情况，可以预先将木材进行干燥，使木材的含水率与构件所处的环境湿度相适应。对木材进行干燥，会产生收缩裂缝，但是它对木材的力学承载能力影响很小。

树种　　　　木材的特性会因树种不同而有很大的差异，同时，其特性也会受到生长环境的影响，这些全都反映在木材的节疤和年轮上。根据木材的来源，一般可将树木分为针叶树和阔叶树两大类。针叶树在进化史上出现较早，被认为是地球上存在时间最长的树。其细胞结构简单而规则，不同树种具有非常相似的特性（如表观密度）。针叶树（如云杉、松树、冷杉）生长速度较快，通常带有明显的年轮，但是抗压与抗拉强度较低。阔叶树的细胞结构会根据树种的不同而更具特殊性。中欧阔叶树（如橡树、榉树、枫树）的木材，相比针叶树而言密度更大，强度更高。阔叶树可以形成颜色不同的心材，心材由死细胞和沉积的有机物（如鞣质）构成。阔叶树中不同的树种，其木材具有不同的纹理、质地和颜色，其相应的技术特性和使用方式也不相同。

木材的保护　　　　如果使用得当，木材是非常耐用的。在室外使用的木材很容易遭受风化、虫害和腐烂。而阔叶木材中的鞣质或针叶木材中的树脂可以为木材提供天然的保护。对木材的保护，是为了减少环境对木材的影响，使木材更耐用。作为建筑立面使用时，可以通过以下方式实现木材的保护：如将屋面出挑、对木材（特别是吸水性强的外表面）进行物理防护、防止溅水、通过滴水构造直接排水。对于木材的化学防护，即用化学药剂如木材防腐剂、杀虫剂、阻燃剂等，以涂、喷、浸或加压浸注的方法将其浸入木材内。或者对木材进行热处理，增强木材的抗菌虫或阻燃等性能。

实心建筑木材　　　　对于建筑木料，木材行业通过质量分级来解决天然建筑材料的异质性问题。胶合层压木材，是通过将木材胶合在一起而制成的结构用材，可以消除单个木材的生长缺陷。

> ● **重要提示**：许多木材品种由于含有树脂和其他天然物质，对虫害的抵抗力特别强，因此非常适合在室外使用。中欧的木材品种如橡木和落叶松就属此类。

悠久的木建筑传统留下了丰富的建筑设计方法和结构类型。作为承重结构的木材，其形状大多是棒状、条状和厚板状，并最好采用框架结构形式（如桁架和木框架结构）。厚木板和原木也可以被用于堆叠建造，这样建造的建筑将能充分利用木材良好的隔热和保温性能（图3-5）。

木板和木瓦

木板、木瓦可以通过平铺、鳞状重叠或榫卯结构实现连接，以成比例的单元组合形成平坦的表面；可作为屋顶和外墙表皮在室外使用。木瓦经过裁切、层叠、咬合安装，最终可形成极具耐久性的表面（图3-6上/中）。木板和木瓦的加工方式多种多样，如粗锯、刨光或打磨。木板用作地板时，表面可以铣出防滑纹理，使之适用于户外行走的区域。在铺设木质拼花地板时，还可以通过设计不同的铺设方向来产生图纹（甚至图像）。这与木质百叶窗的情况类似，由于光线照射到地板表面的入射角度不同，经过反射，表现出丰富的颜色效果，从而使房间充满活力（图3-6下）。

木单板[⊖]

木材会给人特殊的印象和体验，这不仅能通过实心木材产生，在廉价的人造板表面覆以木单板作为饰面，也能获得类似的效果。这意味着：一方面，稀有的优质木材有了更丰富的使用方式；另一方面，特殊的表面肌理也可以通过创新的加工工艺来获得（图3-7）。将木材刨切或锯切，能得到特别高质量且带有明显节疤和纹理的木片。将原木旋切得到的连续薄片状木材，既适用于制作耐磨的高性能木质产品，也可以作为装饰性木质饰面使用。如果将木单板置于显眼的位置，需注意只能挑选纹理低调的木材品种，如桦木、水曲柳或枫木，否则，将可能出现不那么自然的纹理图案。

⊖　木单板是指由树干或木材人工切削成的厚度不超过6mm的木质薄型材料。——译者注

图3-5　木材堆叠建造的建筑

图3-7　大面积木板表面

图3-6　三类木质板材

3.3　木质复合材料

木质复合材料是将木材（木材碎片）切割、减小尺寸，并用胶粘剂黏合起来（也有不使用胶粘剂的情况）制成的新材料（图3-8）。

木材的纤维结构在生产过程中被重新组织。这就有可能生产出形状坚固、性能明确、可工业化生产且易于加工的板材。它们既可以拥有与天然木材相似的外表，也可以表现出与天然木材迥异的效果。

○ 提示：木材加工得到的产品在成分上是有机的，在结构上是纤维状的，在生产和使用方面与无机胶凝板材具有相似的特性。（见第43页）。

○ 提示：胶粘剂可能含有对健康有害的物质。因为胶粘剂的存在，木材制品在生产中会排放有害气体（参考本书"2.2　材料要求"）。

图3-8 按加工工艺分类的实木制品

图3-9 单板胶合板、刨花板和纤维板的表面和切面

木质复合材料主要可分为木单板制品（如胶合板）、木屑⊖制品（如刨花板）、木纤维制品（如纤维板）（图3-9）。

生产与特性

对于木质复合材料而言，木材原本的自然属性逐渐消失——尽管根据材料类型的不同，它们在外观上或多或少得到保留。木质复合材料的强度取决于制造过程中施加的压力、木材原料的强度以及胶粘剂硬化之后的强度。木质复合材料所包含木材碎片的相对角度和位置，决定了产品的可能性与用途。对于工程木产品而言，其含有的木纤维结构越有方向性，就越适合在有承重要求的结构中使用。随着强度的增加，产品的表观密度也会相应增大（最高可达$1200kg/m^3$）。木质复合材料所含的木材碎片越小，整体结构的方向性就越弱：由平整的木单板叠加而成的多层板，由于相邻层木纤维的方向具有正交关系，所以在材料的纵向和横向都具有很高的强度；而木纤维板的结构强度不具有方向性（除了与板材平面相垂直的方向外）。除了强度之外，木质复合材料还延续了木材良好的绝缘性能，可以有效减少电、热、声的传导。木纤维板的表观密度最小可至$50kg/m^3$左右。

表面

与木材不同的是，木质复合材料一般不会保持表面和内部结构的一致性。选择更高质量的木饰面板作为表面材料，有助于获得更均

⊖ 木屑，即细碎木质纤维材料，包含锯末、刨花、木废料破碎物、木粒、木片、碎片，以及通过物理挤压黏结成的圆木段、块、片或类似形状。——译者注

匀、更纯粹的视觉效果；而对于刨花板类产品而言，在表层使用体积较小且压缩程度更高的刨花材料，可以为下一步的层压成型提供一个平坦的底面。在木质复合材料的剖切面处，可以清晰地观察到表面与内部结构之间的差异。

层压成型　　木质复合材料也可以作为低成本基材，用作高质量木皮或其他表面材料（如塑料）的内层。昂贵的天然木皮，和天然木材的仿制品（如复合地板）之间的界限正变得越来越模糊。就像木材本身一样，木质复合材料会根据木材含水量的高低而发生膨胀和收缩，换言之"错位和移动"。所以在单侧的层压最初会在材料内部产生张力，日后则可能导致内部或表面的损坏。层压成型依赖压力和张力的平衡，因此，某一种表层单板如果被用于复合板的面板，那它绝不会只用于产品的正面，而总是在正反两面——作为面板和背板同时使用，这使得每一个张力的产生都会有一个反力来平衡。

应用领域　　木质复合材料在室内和室外都可使用，可用于结构、表皮、一体化嵌入式模块以及家具等室内设计元素。当木质复合材料用于外墙时，物理保护（如防风吹雨打，或起到滴水檐的作用）对保持材料的耐久性至关重要（图3-10）。

作为结构　　显然，一种材料能否作为结构使用，其强度的高低是一个关键的因素。用于结构工程的木材具有较高的静曲强度等力学性能，对建筑师和设计师而言，它蕴藏着巨大的设计潜力。

作为表皮　　由于单张木板的尺寸有限，木质复合材料在用作建筑表皮时，需要将木板连接、组合，从而形成更大的表面。除了简单的拼接，木板还可以用榫卯连接，也可以交叠在一起。将木质复合材料用于表皮时，还必须考虑到木材本身会发生收缩和膨胀的情况。在建筑物内，人们所熟悉的"咔嚓"断裂声，正是木材连接不正确所造成的结果：热胀冷缩所产生的张力正在被"释放"出来。

　　木质复合材料用作表皮所需的紧固构件，如螺钉、钉子、夹子，也为设计师提供了设计细节的可能性。在建筑效果中，紧固构件的物质性和材料品质也可以起到重要作用。它们可以被隐藏起来，作为整体外表面的一部分；也可以通过使用特殊的压力分布构件（如带垫圈

图3-10　几种不同的木质复合板材 　　　　　　　图3-11　长椅，由结构单板胶合板制成

的螺钉），作为第二层视觉内容加以强调。

作为一体化嵌入式模块

　　在一体化嵌入式模块中，材料的内在结构性能将与外观形态协同作用。木质复合材料丰富的可塑性，意味着可以根据特殊的使用需求，对建筑部件进行塑形。通过一个特殊的"烘焙"过程，可以实现木材在两个或三个轴向上的弯曲。在这里，产品的可塑性及其强度得以体现（图3-11）。

循环利用

　　木质复合材料是木材循环利用的一个环节。与木材一样，木质复合材料也是二氧化碳的储存库。可惜的是，工业制造过程将原本木材对环境的积极作用减少了25%～65%。由于木材上附着胶粘剂，使得它们很难被回收再加工。因此，废弃的木质复合材料通常被当作垃圾处理，用以焚烧发电。

3.4　天然石材

　　稳定、权威和传统是天然石材带给人们的联想。它的表观密度高，强度与表面硬度大，导热性强。大多数天然石材都能抵抗自然界的影响（如风化、霜冻和化学过程），并且非常耐用。尽管有这些特性，或者说，正是因为有这些特性，天然石材在现代建筑中已经基本上失去了承重的结构性功能，而倾向于作为地板或立面的表面材

图3-12　火成岩（花岗岩）、沉积岩（砂岩）和变质岩（板岩）

○　料使用。

可用性　　　在大多数地区，天然石材都属于容易获取的材料，各地都会使用当地的典型石材。然而在当今这个全球化的时代，由于运输变得便捷，采用本地石材这种带有地域性色彩的传统日渐式微，人们在选择
○　石材时转而着重于对功能、审美或经济的考量。

岩石学分类　　　天然石材的种类之丰富，术语之繁多，令人印象深刻。石材在岩石学中的学名往往与商品名称不同，只有前者对设计师有帮助，因为它们会将具有类似属性的天然石材归为同类，并放在一起进行比较。事实上，商品名称有时甚至会引起混淆。例如，"比利时花岗岩"其实是石灰岩的一种。

　　　天然石材按地质分类法可分为三类：火成岩、沉积岩和变质岩（图3-12）。火成岩是由岩浆冷凝固化后形成的岩石。它们特别坚固、硬度高，结构基本均匀。沉积岩（水成岩）是由松散沉积的颗粒固结形成的。根据其形成的方式，它们可能含有一些空隙、水平层理，甚至动物或植物的化石。它们的强度不如火成岩，但是更容易加工。变质岩是在高温、高压或化学性质活泼的气体、液体的作用下，由现有的岩石发生结构改变而形成的。它们通常没有空隙，并具有独特的纹理。

花岗岩　　　花岗岩是一种火成岩，在建筑业使用的天然石材中，它被认为是最耐磨的一种，几乎可以无所顾忌地使用。它坚固、抗冻，在很大程度上能抵抗风化。花岗岩有多种颜色可供选择，并且适用于所有的加工方式。

○ **提示**：天然石材由无机材料组成，其结构各不相同，其加工方式与砖类似（见第50页），也类似于无机胶凝砌筑材料（见第40页）。

○ **提示**：天然石材的开采涉及一些与环境资源保护相关的要素，如景观消耗、采石类型、产生的废物数量和所需的运输距离（参见本书"2.2　材料要求"）。

砂岩是一种沉积岩，它没有花岗岩那么坚固，也不能进行抛光。它 砂岩
可能会吸收大量的水，因此它的抗冻性是有限的。它容易受到空气中污
染物的影响，所以耐候性也很有限，但是非常容易加工。砂岩通常会有
浅浅的带状纹理和细小孔洞，因含有矿物的不同而展现出不同的色彩。

石灰岩是一种沉积岩，是建筑业中使用最多的一种石材。它的主 石灰岩
要成分碳酸钙使它容易受到化学物质的影响。石灰岩呈现柔和的色
调，岩石内通常含有化石，其中一些品种可以抛光。许多种类的石灰
岩（包括大理石在内）在切成很薄的石片时，会呈现为透明状。

页岩（机械沉积岩）以及由页岩变质而成的板岩（变质岩），它 页岩
们的结构非常紧密，几乎不吸收水分。它们的颜色通常为深灰色至黑
色，可以被精准地切割成薄板使用。尽管这种薄板不耐磨，但也会作
为地板材料使用。这种材料在受到如撞击之类的表面伤害时，会出现
外层剥落的现象（内部也会分裂成一层层的状态），而由于各层均是
相同材质，因此在磨损层脱落后依然可以保持其外观的均质性。

天然石材各具不同的颜色和纹理，并因为环境的影响，或多或少 纹理
有一些变色和磨损。纹理如水波在石板间流动，产生了一个均匀、协
调的整体性建筑面貌。较高的色彩对比度创造了一种结构化的（均一
且规律变化的）活力感。天然石材给人的总体印象在很大程度上是坚
固耐久的，但在现实中它不可避免地会被风化，石材风化的细微痕迹
将与坚固耐久的整体印象形成反差（图3-13）。

为了达到预期的效果，人们会对石材表面进行处理。原始的、几 表面处理
乎未经加工的石头有一种古朴的美感。破损的边缘、裂缝、切口和爆
破留下的痕迹，都提醒着人们这些材料的来源和开采的经过。更为精
细一些的加工技术[⊖]，如点击（最古老的技术之一，是用錾子和锤子敲
打完成的一种锤击技术）、锤凿（使用带齿状表面的凿石锤进行粗加
工）、刮刻（一种使用梳子状錾子使粗糙表面变均匀的技术）、打磨、
抛光，也会赋予天然石材相应的表面特征（图3-14）。粗糙的表面是天

⊖ 在中国，天然石材的表面加工处理方式一般分为：抛光、哑光、烧毛、机刨
纹理、剁斧、喷砂等。——译者注

图3-13 天然石材立面的老化

图3-15 料石墙体

图3-14 天然石材的表面处理,从上至下依次为:点击、锤凿、刮刻、抛光

然石材加工过程的证明,并有利于营造古朴厚实的效果。经过抛光的石头,则褪去了饱经风霜的脏污外壳,细密的纹理就此脱颖而出。

接缝设计　　　　天然石材的连接方式需要根据石材的规格进行相应的设计。从未经加工的(处于开采后的自然形态)用于砌筑毛石墙体且略带圆形的毛石块,到用于料石墙体(图3-15)的尺寸不一的方形料石,再到经过细凿的用于砌筑块材墙体的砖石块材,和经过抛光或倒角的用于幕墙的石板,每种规格都有其相应的连接方式。对石材接缝是强调还是掩饰,这两种不同的细节处理方式,将会对整体效果的呈现产生方向性的影响。接缝和石材的颜色越接近,建筑的表面就越浑然一体,显得更具整体性;接缝的颜色越深,就越会凸显石材。

3.5　混凝土

混凝土是我们这个时代普遍使用的建筑材料，它对20世纪的建筑发展有着举足轻重的影响。这是一种看似矛盾的材料：混凝土的浇筑和塑造只能发生在液态的状态下，但它的价值却体现在硬化以后——具有人造石的强度。从外表上看，它呈现出模板赋予的外观，而非其自身的结构。有些人欣赏混凝土展现出的纯粹美学，另一些人则认为它粗野且冰冷。

○

水泥、骨料和水的混合情况决定了混凝土的性能：水泥起到胶凝材料的作用，将骨料胶结为整体；水能够使水泥凝固；而骨料的加入则减少了水泥的消耗量，并决定了混凝土的密度、强度、导热性和热容量。典型的混凝土具有高密度、高表面硬度、高强度的特点。骨料通常是砂石，其中粗骨料和细骨料的占比是经过计算的，以形成尽可能少的空隙。水泥和水混合将形成水泥浆，包裹在骨料表面，填充骨料间空隙并与之结合成一个坚实的整体。骨料粒径越小，液态的混凝土流动性就越好，就越方便施工。

生产

○

混凝土的特性是由骨料决定的。普通的混凝土具有较高的导热性和热容量。通过改变骨料——例如使用膨胀黏土或更理想的多孔黏土球或木屑——可以大大降低混凝土的导热性。由于气体是不良热导体，通过引入大量封闭的气孔隔热，可以把混凝土的导热性进一步降低。这是通过发泡剂来实现的，发泡剂使混凝土像蛋糕一样膨胀，最后得到的产品就是加气混凝土。除此之外，还可以向骨料中添加化学物质，以使混凝土更具流动性、更易施工；或添加颜料，给混凝土增加色彩。

骨料

混凝土的体积会由于在凝固过程中发生"冷缩"而减小。为了防止出现裂缝，需要提前确定浇筑混凝土的分段，并将接缝（或仅在表面出现的假接缝）设计为"预设的断裂位置"。液体混凝土在施工过

施工

○ 提示：混凝土是由无机材料制成的，是非均质的。从本质上讲，它是可以塑形的石头，可以像生产陶瓷（见第50页）一样做出任意所需的形状，也可以像天然石材（见第33页）一样被加工。

○ 提示：水灰比（w/c）是指混凝土中水和水泥的比例。如果水灰比小于0.6，就可以生产出不透水的混凝土。因此，混凝土既可以被用于承重，同时也可以承担防水的功能。

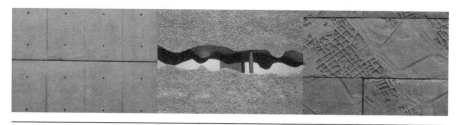

图3-16　带有拉杆的平面模板，碎裂的混凝土，预制结构件

图3-17　带有木板纹理结构的混凝土，暴露骨料的混凝土，玻璃纤维混凝土

程中尚且没有独立的承重能力，其自身产生的压力必须借由辅助结构（模板）吸收。因此，模板必须设计成适当的尺寸。为了防止竖直的模板表面在使用时发生弯曲变形，模板拉杆要从浇筑的混凝土内部穿过，从而将两侧的模板以力锁的方式相互拉接。它们将在混凝土成品表面留下明显的痕迹。模板的表面肌理、连接方式和拉杆，共同决定了混凝土的外观和肌理（图3-16）。

模板　　　清水混凝土可以看成是其模板的负片，在凝固时，混凝土会拾取模板的肌理结构。磨光的、粗糙的或喷砂的木模板（图3-17左），木质、金属或塑料的带或不带涂层的模板，共同为设计提供了许多的可能性。混凝土的内部结构也可以被显露出来：用减缓凝固速度的物质处理模板表面，如果在拆模后用水喷洒混凝土表面，内部的碎石骨料就会显露出来。这被称为暴露骨料的混凝土，也称水洗混凝土（图3-17中）。对凝固的混凝土表面进行打磨或削除，也可以显露出混凝土的内部成分（图3-17右）。混凝土的模板除了被拆除，也可以被永久性地保留，这样混凝土就不必露出自己的表面。

钢筋混凝土　　　作为一种简单的混合物，混凝土的抗拉强度是很小的。所以，如果要作为结构构件使用，混凝土总会与钢筋相结合，成为钢筋混凝土。钢材可以承受拉力，它将以钢筋的形式被放置在混凝土中以吸收拉力。为了保护钢筋不受混凝土碱性的腐蚀，需要采用pH值尽可能小的混凝土。混凝土和钢材能很好地配合在一起，是因为这两种材料的膨胀系数几乎相同。纺织品、碳纤维或塑料纤维也可用于加固，这些材料的使用可以减少混凝土的用量，从而有可能生产出特别轻薄的建筑构件。还有一种可再生的混凝土加固材料是象草（芒草）。它是一种快速生长的植物，细胞结构中储存了特别多的矿物质，这些矿物质有助于象草与水泥形成牢固的结合。将象草作为轻骨料加入混凝土内以后，随着混凝土的凝固，最初在性能上无方向性的混凝土转化为定向的复合材料。混凝土结构的力学性能受造型和截面有效高度的影响。此外，还可对结构形体进行智能设计（使混凝土的造型与其中受力的力流相对应），这为设计提供了新的可能性，并能显著减少材料的使用量（图3-18）。

混凝土（图3-19）代表着耐久性。不过，它的实际使用寿命其实 循环利用
取决于其特定的加工工艺。钢材和混凝土的牢固结合使钢筋混凝土成为一种复合材料。但是，这种复合建筑材料很难被回收并循环利用。因为在材料的全生命周期里，大部分能量都锁在水泥凝固的化学过程中。由于混凝土结构的整体性较强，那些想要完整且有意义地回收建筑构件的尝试往往以失败告终。

图3-18　带有肋线的扁球壳结构，罗马小体育宫（Palazzetto Dello Sport of Rome）

图3-19　平面清水混凝土设计

图3-20 压花的混凝土砌块

3.6 无机胶凝砌筑材料

在人们固有的印象中，建造砌体建筑所需的材料通常是天然石材和砖。不过，随着建筑技术的发展，这两种材料已经为新的砌筑材料所补充：如由石灰制成的灰砂砌块，和由水泥制成的混凝土砌块。块材中含有的气孔和微泡减小了它的重量，压花则可以给表面赋予有序的纹理（图3-20）。由于这些人造块材的原料易于获得，加工处理方便，工艺流程简单，密度低且强度高，现今已成为建筑业中常见的材料。

○

生产工艺与性能　　砌体块材的高压高温蒸压养护是其获得强度性能的必要条件：将砌块置于蒸汽加压的环境下，在平均温度为160~200℃的蒸压釜（密闭压力容器）中，混合料中的钙质与硅质等成分发生作用，生成水化产物，从而获得强度及各种其他性能。经过蒸压养护和干燥后，砌块的收缩率较小（与混凝土结构为同性材料，产生的收缩值基本相同），产品的质量和尺寸都很稳定。这样生产的非烧结类砌体块材通常对湿度不敏感：由于具有孔隙结构，它们的表面会从空气中吸收水分，并在湿度下降时将水分释放到空气中。这对室内气候有积极的影响，但

○ 提示：与混凝土类似（见第37页），含有矿物胶结剂的砌块由无机矿物材料组成。它们可以采用与陶瓷、砖块（见第50页）或天然石材（见第33页）一样的构造方式连接在一起。

是不利于砌块在室外的使用（含水率太高会导致块材被破坏）。胶凝材料的使用可能会加强这种特性（如使用石膏或石灰），也可能减弱这种特性（如使用水泥）。因此，用这些块材砌筑的外墙应采用防水做法（如采取专用砂浆砌筑、外墙防水构造等）。这些砌块也具有较高的毛细管力，它有许多细小的孔道，起着毛细管的作用（即吸收液体）。因此，在使用它们砌筑墙体时，必须对防水密封和墙基的水平防潮层进行非常严谨的设计和施工。

○

砌块的性能，特别是混凝土砌块的性能，会因为所含骨料的不同而发生改变。将浮石、膨胀性黏土作为骨料，可用于生产轻质混凝土砌块；将矿渣（高炉渣）作为骨料可用于生产矿渣混凝土砌块；将二氧化碳作为发泡剂，可用于生产加气混凝土砌块。上述三种都降低了砌块的重量和导热性。然而，砌块的表面硬度会随着重量的减轻而降低，这将不利于它们作为暴露的表面材料使用（例如作为外露的砌体）。因此，作为一种墙体材料，砌块很少直接展现自己的特性和质感，它们通常隐藏在墙体抹灰材料背后。

骨料

砌块重量的减轻，使得商业化生产的砌块可以拥有更大的尺寸。在过去，砖的尺寸是根据建筑工人手的大小来确定的。但是在今天，砌块的尺寸会根据人工或机械起重设备的承载能力来确定，以便进一步提高建筑施工的速度。砌块的规格，在很大程度上仍然源于砖石结构的砌筑传统；但除此之外，较大的砌块也发展出了自己的尺寸系统，这是由材料的结构性能（高抗压强度和低抗弯强度）或常规的房间尺寸来决定的（图3-21）。

砌块规格

砌块较高的尺寸稳定性，是它能够扩大尺寸规格的基础。精确的制造工艺，可以大大减少为了保持连接处的平整而增加的构造。高精度的交接面，意味着接缝可以做得更薄（图3-22）。在室内使用时，这种制造精确度已经发展到了只需要水平接缝的程度。同时，拼接缝处也无须砂浆，采用榫卯的方式连接即可（图3-23下）。

接缝设计

○ **提示：** 与透水相关的特性使砌块可以在室外作为地面材料使用，以减小硬质地面的不透水影响。特别是多孔水泥砌块的生产和使用，可以将降水引入土壤。

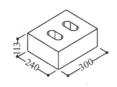
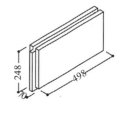

图3-21 砌块规格，2DF[⊖]，5DF，系统元素（单位：mm）

图3-22 混凝土砌块

图3-23 拥有不同规格和接缝厚度的砌块：典型的小规格（2DF），中规格（5DF），大规格

　　对于砖来说，典型的接缝形式仍然是凹槽状，砖块可以保护接缝免受雨水和其他环境侵袭的影响。而对于使用无机胶凝材料制成的砌块来说（尤其是灰砂砌块），砌块脆弱的边缘需要由接缝材料保护。因此，接缝须与砌块面齐平，而不应呈凹槽状。这就导致，与砖块相比，由混凝土砌块砌筑的墙体在视觉上更像是二维平面，只有在边角

⊖ 在德国的建筑行业中，砌块的规格通常用缩写"DF"来指定，规格从2DF到25DF不等。"DF"是德语中的Dünnformat的缩写，直译为"薄规格"（240mm×115mm×52mm）。与之相对应的还有"NF"，是德语中Normalformat的缩写，直译为"常规规格"（240mm×115mm×71mm）。——译者注

处才会察觉到材料的立体感。这减弱了单个砌块独立的体块感，但是对于简约的立方体建筑而言，从远处对于建筑整体感的感知却被增强了。

块材作为室内地面材料使用时，接缝的平整度可以被进一步提高。由于块材发生的热膨胀相对较小，所以块材间的接缝可以被设计得更纤细。表面被打磨过的板材，即所谓的水磨石板，可以在表面显露出材料的内部结构。基本上，所有针对天然石材和混凝土的表面处理技术，都可以用于砌块。

砌块无论由哪种材料制成，都非常适合被回收利用。在使用结束后，将砌块与接缝材料分离，就得到了可以被再一次使用的砌块。重要的是，接缝材料的强度必须低于砌块的强度，否则砌块会在分离过程中首先发生断裂，无法被再次使用。所以，重量特别轻的砌块，由于强度过低，就会成为一次性的建筑材料。值得一提的是，不使用砂浆的连接构造（如通过榫卯咬合）非常有利于材料的重复使用。

循环利用

3.7　无机胶凝板材

无机胶凝板材是由无机（矿物）胶凝材料胶结而成的板材，是一种典型的室内装饰材料。它们的加工容易且快速（如划线、锯切、切割、钻孔和铣削），所以这种板材成为轻质隔墙和室内吊顶普遍使用的材料。石膏板是其中最常见的一种，除此之外还有水泥纤维板、木丝板、矿物胶结的刨花板、纤维石膏板和珍珠岩墙板等。

○

无机胶凝材料根据硬化条件可分为气硬性胶凝材料（如石膏、石灰）与水硬性胶凝材料（如水泥）。板材根据所用的胶凝材料，可以大致分为石膏板和水泥板。石膏的凝结硬化速度较快，因此适合通过挤压成型制作板材。处理流动性很强的石膏料浆需用厚纸板将其从上下两面包裹密封，并使用压力将其压平成型。石膏板最初呈连续条状，需要通过机器切割得到所需的尺寸。石膏内部结构中的气孔

按胶凝材料分类

> ○ 提示：矿物胶结的板材含有无机矿物成分，是一种非均质结构的板材，其用途类似于木质复合材料（见第30页）。

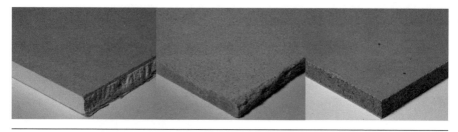

图3-24　石膏板、纤维水泥板和水泥板的剖切面

决定了石膏板具有很强的吸湿性能：当室内湿度较高时，可以吸收水分；当空气干燥时，可以释放一些水分，从而在一定程度上调节室内湿度。

水泥的凝固速度要比石膏慢得多。因此，它不适合采用挤压工艺，而必须由压机压制成型。经由防水处理的水泥板将具备防水性能。与石膏板相比，水泥制成的板材具有更高的强度，能够作为承重结构或结构的加固体使用。

结构性能　　尽管板材的厚度相对较薄，但在加强板材对于剪力和轴力的承受能力后，它们也能够作为结构构件来使用。比如，在骨料中加入纤维材料，可以起到增强结构的作用；又如珍珠岩墙板，由增强材料（如玻璃纤维）带来更强的结构性能。这种增强材料被布置于板材外侧，以增加板材的截面有效高度。石膏板的制造工艺，是通过工艺增强结构性能的典范。石膏板的加固物是纸，覆盖在石膏的正反两面，使得石膏板具有高强度、低重量和低导热性。然而，当护面纸的表面被损坏，就意味着石膏板的性能将同时受到破坏。护面纸纵向和横向的纤维强度与弹性是不同的，纵向具有更强的力学性能。正因如此，石膏板总是以矩形的形式出现。最后，未经防水处理的石膏板遇水很容易潮湿，随后发生变形甚至开裂破坏（图3-24）。

边缘设计　　石膏板的开发和使用，为室内空间的饰面材料（如墙纸或涂料）提供了可依附的载体。这就要求，石膏板施工完成时，拼接在一起的

> ○ **提示：**珍珠岩是一种天然的含水玻璃状岩石。受到加热时，珍珠岩会软化，内部水分蒸发并溢出，使材料的体积增大多达20倍。

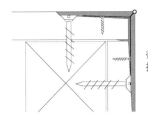

填充嵌缝材料
（灰色填充）
并使用加固条
（虚线）

带有边缘保护的
拼接转角
（灰色填充）

图3-25　石膏板的拼接缝

板面需要形成一个平整无缝的表面。考虑到板材受温度和湿度的影响可能会发生膨胀，在安装石膏板时，需要在拼接处留下隐蔽的接缝来容纳形变。石膏板边缘的拼接形式多种多样，并且可以根据具体的应用场景进行优化。在组装完成后，预留的拼接缝处将使用嵌缝材料进行补平加固（图3-25）。

室内设计

对于室内空间设计来说，石膏板是一种物质特性和视觉特征都较弱的材料。在视觉上，石膏板组成的面以及面上的纹理简单纯净，这有利于其他材料的表现，或有利于将空间作为一个整体来感知。如果没有石膏板，白色派建筑师如理查德·迈耶的白色建筑，将无法在室内呈现出这般纯净的空间效果（图3-26）。

作为立面

无机胶凝板材也可以表现出新颖且与众不同的材料质感。在用于建筑外立面时，板材的颜色可不仅仅局限于最常见的水泥灰。通过颜料将各种颜色引入水泥中，可使板材表现出多种多样的丰富色彩。板材应用在立面上时，形状通常是平板。但如果出于结构性能的需要，板材也可以做成波浪状，波浪状增加了板材的截面有效高度，从而增大了材料的跨度。在立面上，板材通过重叠和连接，最终可以形成一个不渗水的连续表面。

隔声性

无机胶凝板材表面的多孔性为它带来了较好的隔声性能，木丝板就是一个很好的例子。木丝板粗糙、多孔的表面可以散射和吸收声音。这种粗糙且价格低廉的板材呈现出一种原始的技艺美学，作为视觉背景可以强调板材上的固定件和预制件。它能与矿物胶凝材料牢固结合，因此，在机房或地下车库，水泥木丝板适合作为混凝土的永久性模板（即免拆模板）使用（图3-27）。

图3-26　白色派建筑的室内空间设计　　　图3-27　作为吊顶的木丝板

循环利用　　　　无机胶凝板材通常不作为结构使用，但可以作为结构墙体的补充。无机胶凝板材作为竖直墙面的饰面板使用，替换方便是它的优势。这种板材可以在主要材料价值不受损失的情况下进行回收。但尽管如此，它们的回收利用率依然非常低。因为无机胶凝板材往往非常廉价，并且长久放置也几乎不产生有毒废物，导致人们缺乏回收利用的动机。

3.8　灰泥和砂浆

灰泥和砂浆⊖可以形成大面积的无缝表面，这使得它们不仅可以保护下面的材料不受潮湿、霜冻和火灾的影响，同时还能起到分散荷载
■○　　的作用。

○ 提示：灰泥和砂浆主要由无机材料组成，处理方法与混凝土（见第37页）类似。它们的表面可以达到和天然石材（见第33页）类似的效果。

■ 小贴士：灰泥是一种标准的建筑材料，通过合理运用就可以在只耗费少量的人力物力的情况下，形成各种不同的表面效果，并为建筑创造更大的附加价值。

⊖ 灰泥（Plaster）有狭义和广义之分，狭义的灰泥仅指熟石膏，而在本节中定义则更加广泛，指的是包含石膏（Gypsum）、石灰（Lime）和水泥（Cement）在内的无机胶凝材料，更加强调一种泥状的性质。同时，与我国广泛使用的砂浆（Mortar，对骨料没有要求）的概念有所不同，本节的砂浆（Screed）一词更为具体，其骨料只能使用沙子，且在工程中只能用于地面的找平。——译者注

图3-28　水磨石、瓷砖和OSB[○]面层

砂浆是在现场浇筑和硬化的。和所有的矿物胶凝材料一样，它在　　砂浆
硬化的时候也会收缩，这意味着可能会形成裂缝，因此必须要设计收
缩缝。在建造过程中，凝结时间也是一个非常重要的因素。对于水泥
砂浆找平层而言，通常在7天后就可以上人了，但需要28天才能达到其
规定的强度。相比之下，硬石膏和沥青胶泥找平层可以上人的时间要
短得多。同时，沥青的弹性特质意味着它可以更薄地铺设更大范围的
无缝表面。此外，由于它能够阻止结构声的传播，因此不需要再另设
抗冲击声隔声板，就可以满足隔声的要求。

通过将砂浆制成薄板，并将其"浮动"布置在矿棉或木纤维的绝　　冲击声隔声
缘层上，就可以形成抗冲击声的隔声层。其中，"浮动"是指薄板并
不直接与墙体和楼板接触，而是通过可活动的构件进行连接。这种做
法能够有效防止声音借助墙体和楼板进行传播。同时，这种制成薄板
的干式找平做法，不仅易于更换，而且在确保质量的前提下，还能够
重复使用。此外，在砂浆找平层上再铺设一层水磨石、瓷砖或木质面
层，还能够形成更为独特的表面质感（图3-28）。

灰泥可以保护其覆盖的材料，并形成均匀的装饰表面（图　　灰泥
3-29）。从技术上来说，可以形成两种效果：第一，灰泥具有开放的
孔隙结构，能够吸收掉那些可能渗透到下面材料的水分。不过这样它
就会变得松脆，很容易被破坏。此时，它就是墙体结构中最薄弱的一
层，因此需要进行定期的维护。第二，灰泥能够形成一个特别坚固、
密实的表面，在很长一段时间内都具有良好的保护功能。灰泥饰面在

⊖　OSB，学名是定向结构刨花板（Oriented Strand Board），又名"欧松板"，
是一种来自欧洲、20世纪70~80年代在国际上迅速发展起来的一种新型板
种。——译者注

图3-29 各种灰泥表面

一开始很容易进行维护，但是如果出现任何的破损，就必须全部更换，而且在移除灰泥外层的过程中，由于整体连接得太过坚固，内部的支撑物很容易被损坏。

灰泥的种类　　现有的灰泥都是根据粘料的类型进行分类的。壤土灰泥（Loam plaster）只能用于室内工程，并且是用作内层。湿敏灰泥（Moisture-sensitive plaster）也只能用于室内，但是适用于创作各种精细的墙面装饰。能够挥发水蒸气的石灰灰泥（Lime plaster）还包括从柔软的气硬性灰泥到坚硬的水硬性灰泥等诸多类型，它们常被用作室内和室外的防水层。使用水泥作为粘料，又可以生产出室外常用的水泥灰泥（Cement plaster）。此外，通过添加不同的骨料还可以生产出各种特殊用途的灰泥，如翻新、防火、隔声和隔热灰泥等。

灰泥基层　　由于调和好的灰泥会很快固化，所以必须立即黏附在基层上使用。因此，灰泥的应用厚度非常有限。而且，如果基层从灰泥中吸收了过多的水分，它就无法完全固化。但反过来，如果基层根本不吸水，那么也无法达到理想的黏合效果。因此，灰泥基层往往需要进行底漆处理。

灰泥支撑　　如果灰泥基层不能保证足够的黏合力，就必须借助专用的灰泥支撑，并用可塑的垫片或者钢箍将灰泥固定在适当的位置。如果直接用灰泥支撑代替坚固的灰泥基层的话，这套操作流程仍然有效，但需要增添钢丝网来确保它的承重能力。拉比茨灰泥网[⊖]就是如此，通过这种

———
⊖ 拉比茨灰泥网（Rabitz plastering）是德国建筑师卡尔·拉比茨（Carl Rabitz）于1978年发明的一种使用方格形的金属丝网制作灰泥墙的工艺，现在普遍用于灰泥和地板砂浆的加固工程中。——译者注

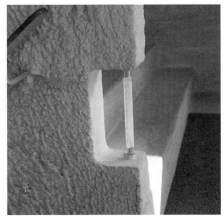

图3-30　基于灰泥设计的装饰性立面　　　　图3-31　用作面层的灰泥

工艺制作的灰泥墙具有一定的弹性，可以抑制振动，因此也能起到消声降噪的作用。

装饰

　　灰泥除了具有保护作用外，还可以用于装饰和造型。它可以营造出一种用材浑然一体的观感，只有离墙面足够近时，才能看清材质肌理，而后才意识到这并不是一件整材，连贯的只是建材表面的灰泥层（图3-30）。这种肌理的形成取决于不同的材料和运用的工艺：由于工具、添加剂和硬化过程之间的相互作用，整个加工过程会留下丰富多样的痕迹。同时，添加剂（砾石和砂子）在灰泥中的分布以及工人使用工具的方法等随机因素也会对表面肌理的形成产生影响。此外，还可以用涂料或者注入染料来对灰泥进行着色处理。

肌理

　　用潮湿的灰泥直接进行涂抹可以形成最简单的肌理，既可以大面积地喷涂，也可以用泥刀或者刷子在小范围内涂抹。在此基础上，还可以用泥刀、表面有纹理的木板或者特殊的梳子和滚筒在半干的灰泥上做出各种随意的印记。同时，在灰泥完全干燥之前，也可以用海绵刮板（Sporge board）擦拭表面，以获得特别光滑的效果。此外，还可以洗掉表面的胶粘剂，让灰泥中的添加剂显现出来，或者是利用石匠的工艺对表面进行加工（参见本书"3.4　天然石材"一节）。灰泥表面富有黏性，在刮抹过程中能够积聚张力，因此可以做出不会因温差变化而开裂的大面积表面（图3-31）。

图3-32　各种实用的陶瓷制品（波形瓦、砖、瓷砖）

3.9　陶瓷和砖

陶瓷的历史非常悠久，有证据表明可以追溯到公元前4世纪。它们的名字来源于希腊语"keramos"，意思是烧制的泥土。

作为基本原料的黏土

陶瓷的基本原料是黏土，它的化学成分主要是二氧化硅、氧化铝和水，在微观层面表现为一种晶片结构，具有极强的可塑性。以传统做法为例，把柔软的泥团压入模具中，就可以制成"土坯（green tile）"。而对于当今的挤压机而言，已经能够通过切换不同尺寸的端口来改变产品的横剖面大小，并根据所需的长度对挤出的泥条进行切割。

陶瓷的烧制和陶瓷性能

黏土在烧制后才能变得防水，其晶片结构从约800℃时会开始熔化，不过这个温度烧制成的陶瓷仍具有一定的孔隙。而如果继续加热的话，到了约1200℃时，就会发生烧结过程：铝化合物的晶体结构开始转变，使得整体的孔隙率降低，最终也就制成了防水性能更好的陶瓷[注]。不过在烧制后，陶瓷的体积一般都会变小，这一点是难以估量的，也就意味着最终尺寸比起预期可能会有很大的误差。同时，烧成的陶瓷根据颗粒的大小和孔隙率还可以分为普通陶瓷和精细陶瓷（图3-32）。总体而言，陶瓷具有密度高、硬度高、抗压强度高和耐磨性好等特点，但和石材一样，它们的抗拉强度都比较低。

○ 提示：陶瓷是由无机材料组成的，它们的结构和玻璃（见第59页）类似。而砖的使用方式则类似于天然石材（见第33页）和无机胶凝砌筑材料（见第40页）。

○ 在微观层面，整个烧制流程具体表现为800℃时发生硅-硅成键反应，1200℃时γ-氧化铝转化为密度更大、稳定性更高的α-氧化铝。——译者注

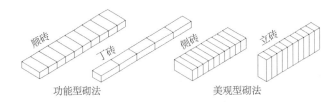

顺砖　丁砖　侧砖　立砖

功能型砌法　　　　　　　美观型砌法

图3-33　各种砌砖方法

陶瓷成品表面的颜色和纹理一般是在模压和烧制过程中产生的，但在此基础上，还可以通过表面涂层的方式，为产品再加上一层坚硬的陶瓷覆盖层，也就是所谓的釉底料。它决定了产品最终的硬度、光滑度和颜色，并且能够加强陶瓷表面的密封性。此外，还可以使用煅烧等工艺对陶瓷进行二次处理。

砖的尺寸受一套八分模数体系（Octametric System）[⊖]的严格制约，采用相同的尺寸体系确保了在砌筑不同类型的墙体时，不同大小的砖也能够相互搭配使用。但各种尺寸的砖也有不同的应用场合，例如在清水墙上通常会采用普通规格和较薄规格的砖，而在外部有饰面的情况下，则一般会在内部采用较大规格的砖或砌块。在设计砌体建筑时，如果从一开始就采用八分模数体系，就能够在接下来的阶段中很好地处理所有的接缝。同时，由于砖只能承受压力，因此在砌筑前，首先计算出整体的压力是很重要的。

砌体建筑的肌理是由砖的接合缝隙决定的，通过对顺砖和丁砖进行组合可以表现出丰富多样的肌理（图3-33）。砖缝的颜色、形式以及整体的砌筑方式，在很大程度上影响了人对尺度和材料厚度的感知。砖缝通常是凹陷的，这种做法不仅反映了砌筑单元的深度，而且可以表现出单个砌块以及整个墙面的坚实感，同时，还能够保护砖缝免受气候的影响。常见的砖缝厚度为1cm，以弥补因砌筑操作不当和砖

⊖　八分模数体系（Octametric System）是由德国建筑师恩斯特·诺伊费特（Ernst Neufert）于1938年提出的一套砌体建造标准，这种模块化特性使建造变得方便又快捷，而且也非常经济。几十年来，德国按照这套体系建造了数千套住房，尽管这套体系从未在德国之外正式推广过，但它也对世界各地的建筑标准产生了巨大的影响。——译者注

块形状差异造成的误差。

空腔结构　随着建筑工业的不断发展，砖的用途趋于多样化，与此同时，砖块规格更大、质量更轻的发展趋势也使得建设周期得以缩短。另一方面，对于保温而言，减轻质量和降低导热性也成为新的要求。为了提高砖块的性能，并满足针对单层砌体外墙日益增长的保温要求，可以在黏土中混入木屑或聚苯乙烯颗粒，使其在烧制过程中形成空腔结构。此外，还可以通过更换挤压机的端口来提高砖块横截面中空腔的比例，从而进一步降低材料的总体密度。

砖幕墙　想要在保持典型的砌体建筑外观效果的同时，还要满足较高的保温要求，就必须在墙体内部设计一个保温层，而且墙体的外层部分还需要能够和这个保温层很好地结合在一起。对此，只有防水、防冻、抗风化的专用幕墙砖或熟料砖才能满足这个要求。墙体外层的砖幕墙通常只有一块砖的厚度，并由不锈钢的锚栓进行固定。而对于砖幕墙的支持而言，最重要的是最下方的砖块必须能够分散掉所有作用于其上的压力，无论是分散到梁上还是专门的悬挑钢构件之上。此外，幕墙砖每隔5~12m还应设置一条伸缩缝（图3-34）。

陶瓷面板　为了兼顾装饰和保温的需求，除砖幕墙外，还可以采用在立面上悬挂陶瓷面板的做法，陶瓷面板能够抵御气候的侵袭，而且厚度很薄，可以减轻很大一部分的荷载。此外，陶瓷面板在安装时并非牢牢粘连，各相邻单体或依次并置，或层层叠盖。整个陶瓷面板层与墙体间留有空隙，用于排水。与厚重的砌体结构相比，这样的立面看起来要轻盈许多。

屋面瓦　屋面瓦遵循着与陶瓷面板类似的建造原则。像平瓦这类比较平滑的瓦片需要上下层大面积重叠才能够使用，一般也只用于陡峭的坡屋顶。而有筋槽屋面瓦[○]则可以用来铺设比较平缓的屋顶（图3-35）。

循环利用　砖是一种高生产能耗的材料，但其耐久性良好，只要在拆除时能

○　屋面瓦种类很多，按原料可以分为水泥瓦、玻纤瓦、彩钢瓦、陶瓷瓦等，按形状可以分为平瓦、板瓦、筒瓦、鱼鳞瓦、双筒瓦、三曲瓦等，按搭接方式可以分为有筋槽屋面瓦和无筋槽屋面瓦。——译者注

图3-34　砌体幕墙　　　　　　　图3-35　用砖瓦砌筑的建筑和庭院

够和接缝砂浆分离妥当，就可以循环使用下去。与之相比，陶瓷面板和屋面瓦都采用了开放式的连接，没有使用砂浆。因此，无论是进行维修还是拆卸后再利用都比砖更加方便。

3.10　金属

金属元素是化学元素中数量最多的一类，又可细分为总密度超过4500kg/m³的重金属（铅、铜、锌、铁等）和总密度较低的轻金属（铝、镁等）。由于铁是建筑中最常用的金属，且常用的铁材是黑色的（纯铁实际上是银白色的，但表面易氧化形成黑色的四氧化三铁），所以又常将金属分为黑色金属和有色金属[⊖]。

○

金属的特性有很多，如密度高、抗压和抗拉强度高、熔点高、导热和导电性好以及具有金属光泽和弹性等。因为这些特性是由它们的晶体结构决定的，所以将几种金属（合金）组合在一个晶格中，它们的特性并不会累加起来，而是会形成一种完全不同的性质。因此，可

特性

○ **提示：** 金属是无机材料，它们具有晶体结构，并能够采用与玻璃（见第59页）类似的方法进行冶炼。

⊖　根据金属的颜色和性质等特征，通常将金属分为黑色金属和有色金属两大类：黑色金属主要是指铁、铬、锰及其合金，黑色金属以外的金属称为有色金属，又称非铁金属。——译者注

以通过混入少量的添加剂来精确地调整合金的特性[○]。合金的种类丰富，仅仅是已知的铁合金就有约2000种，其中包括了各种品质的不锈钢，而这些不锈钢普遍能够抵抗气候的侵蚀，并永久保持金属光泽。

铁和钢　　　含碳量（碳的质量分数）低于2%的铁碳合金称为钢，它能够直接进行焊接，比铁更有弹性，也具有更高的抗拉强度。由于钢铁建筑构件的强度高、质量重，通过对几何形态进行优化，可以提升构件对于静荷载的承载力。同时，使用工字钢或梯形板不仅能够在一定程度上表现出结构所需的最小横截面面积，还最大限度减少了材料的使用量。此外，与钢相比，铁非常容易氧化，因此在使用和保存时，需要注意避免与空气接触。

锌、铜和铅　　　锌和铜的耐候性好，而且易于加工，因此常用作外墙饰面、护板和屋顶排水构件。锌具有银色的光泽，在建筑中总是以含有少量钛的合金（钛锌）的形式来使用。这样不仅可以降低材料的热膨胀率，提高弹性，并且使之能够进行焊接。铜则具有美观的红棕色光泽和良好的耐候性，因此在建筑选材中广受欢迎。由于铅在空气中很容易被氧化，所以我们看到的铅常是灰色的。同时，铅的强度较低，可以用剪刀进行剪切割，也可以手工塑形。铅常用于屋顶，特别是那些需要用机械精细制造的昂贵部件。需要格外注意的是，铅是有毒的，而且铅制品的磨损会导致铅在食物链中不断地累积，这种现象被称作生物富集。

铝　　　铝的密度很低，所以属于轻金属。它可以用在对轻质和耐候性要求比较高的地方，特别是在立面构件中。铝表面天然的氧化层能够保护材料免受气候的影响，而通过技术氧化（阳极氧化）[○]还可以进一步

○　合金的性质并不是组分金属特性的简单结合，而是形成一种新的特性，主要表现为：多数合金熔点低于其组分中任一金属的熔点；合金硬度一般大于其组分中任一金属的硬度；合金的导电性和导热性低于任一组分金属。总之，通过控制组成成分和处理工艺，可以针对性地制造出具备特殊性能的合金材料。——译者注

○　以铝或铝合金制品为阳极，置于电解质溶液中进行通电处理，利用电解作用使其表面形成氧化铝薄膜的过程，称为铝及铝合金的阳极氧化处理。比起铝合金的天然氧化膜，阳极氧化膜的耐蚀性、耐磨性和装饰性都有明显的改善和提高。——译者注

强化这个保护层并为其上色。

金属有一种特殊的性质叫作屈服，这是一种金属因作用于其上的力而发生弹性变形时承载能力却突然降低的现象，即承受的外力超过材料的弹性极限时，其变形不再与外力成正比而会产生明显的塑性变形。另外，金属材料的屈服强度一般会随温度的升高而下降。因此，尽管一些金属不可燃，但是为了避免发生屈服现象和塑性变形，必须对它们施加非常有效的防火保护。

金属的屈服现象

●

只有像金、银和铂等贵金属⊖才具有不容易发生化学反应的特性，以至于在自然界中能够以单质的形式存在。而其他的金属都是以碳、氧或硫化合物组成的矿石形式存在于自然界中，在生产之前必须先把它们提取出来。开采矿石会对地貌造成直接的破坏，从矿石中提取金属也会消耗大量的能量，产生高昂的费用，并且造成严重的环境污染。因此，必须谨慎地权衡使用金属的得与失。另一方面，针对金属的再利用研究已经取得了很大的进展，对金属材料进行循环使用可以在一定程度上减轻它们对环境的影响（参见本书"2.2　材料要求"）。

提取

除贵金属外的其他金属容易与大气中的气体和水分发生反应。而当两种金属接触时，相对活跃的金属也会把电子转移到相对不活跃的金属上，最终只有相对活跃的金属会被腐蚀。被腐蚀的金属外层除了本身有颜色之外，还可能会与水发生化学反应。对于铝、铜、锌和铅等金属来说，被腐蚀的外层可以把金属包裹起来，并形成一个稳定的保护结构。以铜合金中的青铜（铜与锡、铅的合金）为例，随着时间的流逝，会逐渐在表面形成一层灰绿色的铜锈（图3-36）。而耐候钢则会在表面形成一层红棕色的铁锈保护层，但其只能在周围空气不

腐蚀

● **重要提示**：承重金属构件必须进行防火保护。为此，人们可以将特殊涂料涂刷在金属表面以形成防火涂层，此类涂料在遇到明火或高温时会迅速起泡并形成保护层。

⊖ 贵金属主要指金、银和铂族金属（钌、锇、钯、铑、铱、铂）等8种金属元素。——译者注

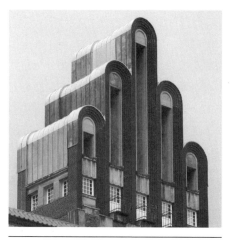

图3-36　铜锈饰面

太潮湿的情况下才能持续发挥保护的作用（图3-37左）。如今在市场上，设计师们已经可以买到带有铜锈的金属板材并将其用于装饰。

普通的铁被氧化后形成的铁锈并不能达到长期、稳定的保护效果。因此，需要用油漆或粉末涂层来隔绝它与空气、水等物质的接触，以防止被持续腐蚀。但这会使它失去本身独特的外观效果，而通过电镀金属涂层的方法则可以保留金属的外观光泽。

成型工艺　　　金属材料的加工过程分为热成型和冷成型两种。在冷成型过程中，金属晶格内的原子结构被重新排列，从而提高了金属的强度。通过一次轧制可以生产出简单的板材，而钢梁和成型金属板则必须经过多次的轧制才能做成所需的形状。同时，通过挤压也可以生产出那些截面非常复杂的构件。挤压的具体操作，通常是将铝或其他有色金属在高压下借助模具来进行加工的。而通过拉拔不仅可以生产出金属线材和棒材，还可以制造钢筋混凝土中的结构钢筋。另一方面，用锤子和铁砧进行锻造可以是热加工，也可以是冷加工。此外，一些模具零件和复杂的结构连接构件是在铸型中铸造的。锡和铜合金适用于生产特别精密的铸件，而铸钢则常用于制造那些在钢或木结构中需要承受大量荷载的复杂连接构件。

机械加工　　　机械加工包括各种切削加工（会产生碎屑的减法加工）工艺：钻

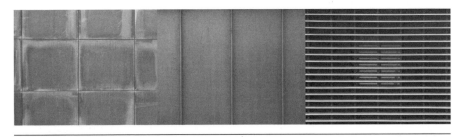

图3-37　各种金属立面：板材、焊接板、金属百叶

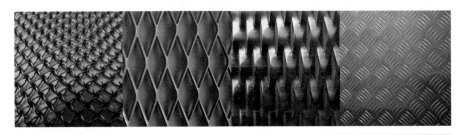

图3-38　各种金属半成品

孔，铣削，砂磨，车削，喷砂，锉削和锯切。而弯曲、削边、冲压和焊接等机械手段也可以用来塑造新的形状。此外，机械加工和塑形工艺还可以用于生产各种金属半成品，如冲压板、多孔金属板、金属网以及其他的许多产品（图3-38）。

　　金属构件的连接可以分为临时连接和永久连接。通过螺栓、钉子、铆钉、销钉、滚边和夹具进行的连接都属于临时连接。而通过各种焊接工艺、钎焊和黏合剂则可以实现永久连接。

金属的连接

○

　　金属的抗压强度和抗拉强度一般都比其他的材料要高，因此可以制成非常纤细的形状来使用。而黑色金属因具有较高的强度，通常用于生产结构构件。其中，铸铁的抗压性能好，抗拉强度和抗冲击性能差，因此，通常通过模具成型；而相比之下，钢材的抗压强度略差，

结构构件

○ **提示：** 为了提高金属的重复利用率，结构构件应该易于拆卸，并且在使用时应尽量使其与非金属建筑材料分离开（避免产生静电和发生化学反应）。

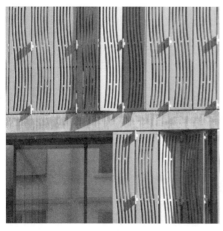

图3-39 铸铁构件 　　　　　　　　　　图3-40 桥梁的承重结构

但抗拉强度更高，所以塑形方式也更多样（图3-39）。此外，结构构件的外形可以在一定程度上表现出受力的关系。其中，支座和支点尤为重要，因为它们能够突出展示力的传递过程。试想一下，如果一座建筑采用了多种承重材料，这通常会导致受力情况较难判断，但通过观察支座和支点就能够解决这个难题（图3-40）。

立面覆层结构　　只需要很薄的一块金属板就可以覆盖并保护一个区域，使其免受气候的影响。通过金属板材的组合可以很方便地形成一个立面覆层结构。此时，金属板不仅是一种饰面元素，还起到了保护内部结构的作用。具体而言，自承重的立面构件可以通过钢板或铝板拼接而成，但是为了节约材料和减轻重量，通常会把它们一次冲压成型，做成各种边缘弯曲或有凸起的形状。而像铜或钛锌之类的高弹性金属材料，由于可以通过冷加工塑造成型，因此也常用于立面覆层结构。此外，当面对大面积的平整外墙时，可以在现场对板材进行卷边（弯曲重叠）处理，然后便可以接合拼接以覆盖各种形状的外墙表面（图3-41）。

用作立面覆层的金属还可以设计成多孔金属板、海绵金属或者金属网的形式，以方便光线射入建筑物中。与此同时，金属材料自身还有一种特殊属性能够发挥作用，也就是表面的光泽，光滑的金属表面可以在一定程度上引导光线进入空间的深处。

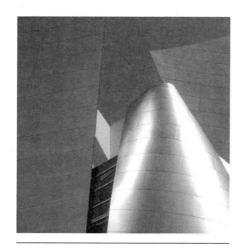

图3-41 钛锌饰面

3.11 玻璃

玻璃作为一种透明的建筑材料，在建筑中起着至关重要的作用，它的透明性意味着它可以用来消解建筑的实体感。它形成了一个有效的空间围合，同时又能充分满足使用者对太阳光的基本需求。

和所有的材料一样，玻璃也能够吸收辐射，但通常是对不可见光的吸收。因此，可见光是可以透过玻璃被人眼接收的。由于玻璃在制造过程中会迅速冷却，并形成一种晶体结构，因此成为建筑工程中被广泛使用的一种无定型材料。玻璃的密度大（$2490kg/m^3$），硬而脆，抗压强度很高；但表面张力与水类似，抗拉和抗弯性能都很差。而且玻璃的表面也很脆，所以可以通过在表面刻痕来进行切割，玻璃沿着刻痕会更容易分离。

特性

石英砂是玻璃的主要原料。从化学成分来说，建筑工程中最常用的普通玻璃是由二氧化硅、氧化钠和氧化钙组成的。同时，通过添加特殊的成分也可以改变玻璃的性质（表3-5）。

成分构成

○ 提示：玻璃由各种无机元素组成，是一种无定形的固体材料。它和塑料（见第64页）有许多相同的性质，而它的制造工艺则和金属（见第53页）类似。

○ 提示：玻璃的尺寸并不仅仅依据计算所得的强度来确定。为了减少玻璃破碎的可能性，它的实际厚度将比计算得出的结果更厚。

表3-5　一些特定的玻璃类型及其用途

玻璃类型	组成变化	效果	用途
硼硅玻璃	添加了硼氧化物	耐热	防火玻璃
石英玻璃	添加了硅氧化物	耐热，光谱透过率很高	光导纤维
铅玻璃	添加了铅氧化物	对强光的折射性好	防辐射玻璃、透镜、装饰玻璃
净片玻璃	添加了铁氧化物	透光性好	建筑立面
彩色玻璃	添加了铁氧化物	蓝绿色	装饰玻璃
	添加了铬氧化物	浅绿色	
	添加了铜氧化物	红色	
	添加了钴氧化物	深蓝色	
	添加了银氧化物	黄色	

浮法玻璃工艺　　　　建筑中常用的玻璃通常是采用浮法玻璃工艺制造的。玻璃液首先从熔窑通过流道区域涌入锡槽中，玻璃和锡互相不起反应，并且由于玻璃液的质量较轻，因此会漂浮在熔融的锡液上。随着玻璃液连续不断地流经锡槽，玻璃的温度会逐渐下降并开始凝固。同时，由于玻璃和锡在分子形式上相互抵制的特性，玻璃表面会变得极其光滑。在这个过程中，可以通过调整拉边机的速度和角度来控制玻璃的厚度和宽度。成型的玻璃离开锡槽时的温度为600℃，但如果此时将玻璃板放在大气中进行冷却，玻璃板表面会比内部冷却得快，继而就会造成表面严重压缩，使玻璃板产生有害的内应力。因此，锡槽中取出的玻璃必须要放入退火窑中进行退火处理。经退火窑冷却后的玻璃板可以通过辊道直接输送到切割区域，切割成合适的运输长度后便可转移到仓库储存或者直接装运给客户。总的来说，通过这套工艺制造出的玻璃具有很高的表面质量，而且也方便了进一步的加工处理。

压制/轧制玻璃　　　　玻璃也可以通过压制或轧制的方法成型。通过轧制可以制造出表面有花纹的装饰玻璃，也可以生产出内置金属丝元件的安全玻璃。同时，通过该工艺制造的玻璃产品的横截面是U形的，能够以自支撑的结构进行安装使用。而如果垂直安装的话，可以做成连续的玻璃条带。

压铸玻璃　　　　在压铸过程中，熔化的玻璃会被倒进一个模具中，并在那里降温，然后凝固成型。通过将两个未完全凝固的玻璃半壳压在一起可

图3-42　浮法玻璃立面、压制玻璃立面、压铸玻璃立面

以制成玻璃砖，而且这些玻璃砖也可以像普通砖石一样被砌筑起来
（图3-42）。

　　通过发泡工艺，可以将普通玻璃或者回收的玻璃进行二次加工，
从而生产出高质量的耐压和防水透明绝缘材料。其中包括了各种类型
的玻璃纤维，它们可以用来导光或者用于各种结构的加固修复。

泡沫玻璃/玻璃
纤维

　　在施工之前，通常还会根据不同的需要对玻璃进行二次加工，例
如热处理、表面镀膜或者层压。通过热处理可以使玻璃表面产生强大
的压缩应力，且制成的玻璃在破碎的时候不会形成尖锐的边缘。其
中，热增强玻璃的碎片大小会比钢化玻璃大很多。$^{\ominus}$此外，通过各种加
工工艺还能制成彩釉玻璃（将无机釉料烧结在玻璃表面上）、热熔玻
璃（把平板玻璃烧熔再塑形）、磨砂玻璃和印刷玻璃等具有特殊表面
的玻璃产品。

玻璃的加工

　　夹层安全玻璃和中空玻璃是由各种类型的玻璃组合而成的。其
中，夹层安全玻璃是用塑料膜将几层玻璃黏合在一起的。在破碎的时
候，高强度的塑料薄膜能够保持玻璃层的黏合，使碎片不至于四散飞
溅。同时，它在破碎后也依然保留一定的承重能力。因此，这种玻
璃适用于对坚固性有较高要求的用途，例如防弹。中空玻璃则是将

玻璃产品

$\ominus$　热增强玻璃又称半钢化玻璃，与钢化玻璃的制造方式类似，都是通过热处理
　　使玻璃表面具有压缩应力而制成的，但其冷却过程比钢化玻璃慢很多。热增
　　强玻璃具有良好的热稳定性，强度也比普通玻璃高，但《建筑安全玻璃管理
　　规定》中明确指出热增强玻璃不属于安全玻璃，因其一旦破碎，会形成大的
　　碎片和放射状裂纹，虽然多数碎片没有锋利的尖角，但仍然会伤人，不能用
　　于天窗和有可能发生人体撞击的位置。——译者注

两个以上的玻璃以保持一定缝隙的形式组合而成的，这种结构大大降低了整体的导热性，特别是当缝隙中充满惰性气体的情况下。另一方面，由于涂层能够反射辐射热，中空玻璃可以借此把部分太阳辐射向外反射，从而保证了室内温度的稳定。此外，通过这种工艺还能制造出具有隔声和防火等属性的特种玻璃，甚至是能够自动对温度变化做出加热或冷却反应的自适应玻璃。

玻璃的安装

在安装玻璃的时候，很重要的一点就是要避免它受到拉力和弯矩。但是它可以承受住沿边缘黏合时的压力，在边角上也可以通过卡块（边框上的楔子）、星形构件（用于组合玻璃窗格的多足构件）或者夹具来进行支撑。

透明度和反射

透明度一直以来都是玻璃非常重要的一个属性，对于安装而言，也是越简洁越好，以便能够最大限度地隐藏承载玻璃的框架。典型的格栅式幕墙可以在框架中直接安装玻璃，亦可改用钢索系统来支撑，两者都能在一定程度上保证立面的通透性（图3-43）。但实际上，用玻璃并不能够完全消解建筑的体量感，因为从视觉效果上来说，空间深处的阴影区和室外环境之间存在着明显的亮度差异。同时，昼夜的交替意味着这种视觉关系也在不断地变化。从较暗的空间看向另一侧，玻璃更显通透；对较亮的一侧而言，玻璃由于对大量光线进行了反射，因此会在一定程度上映照出周围的环境。通过在玻璃表面镀膜还能制造出反射效果更强的反光玻璃，该产品能够以近乎镜面的效果反映出周边的环境和天空，从而让建筑的存在感变小，甚至消融进蓝天白云中（图3-44）。但与此同时，玻璃的镜面效果却也可能会让外部的行人感到不适，因为他们会隐隐地担心，在自己不知情的情况下受到建筑内部的监视。

半透明效果和多层结构

半透明的材料可以减弱昼夜关系造成的明暗不平衡，因为它能够在视觉上形成一种朦胧的效果。在这种情况下，立面成了建筑内部功

■ **小贴士**：玻璃本身通常不具有折射光和防眩光的特性（需要加以塑形、增加涂层等处理后才能实现），但这些特性会给玻璃的材质带来决定性的影响。此外，由于温室效应的存在，玻璃自身就可以形成一个蓄能系统。

能在外部的某种反映，人们从外面能够大致感知到内部人员的移动，并借此想象出整座建筑是如何被使用的。同时，玻璃背后的材料与结构作为视觉上的一个层次被看到，人们从外部可以感知到内在的结构，但却无法细致观察它在纹理和设计上的所有特性。这种粗略的印象可以激发观者的想象力，并吸引人们走入建筑中进行验证。总的来说，采用半透明的玻璃既能够保证室内的采光充足，又能避免视线穿透导致"一览无余"，从而加深人们对空间的印象，以及加强光线照射在材料上的表现力（图3-45、图3-46）。

图3-43 透明立面

图3-44 玻璃的反射效果

图3-45 作为内外空间投影面的玻璃

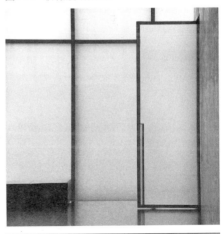

图3-46 半透明立面

3.12 塑料

对于建筑材料的发展而言，塑料是当下最新型的材料之一。它们从橡胶等天然原材料发展而来，19世纪中期正式进入了大众视野。但直到20世纪60年代未来主义设计的兴起，塑料在建筑中的使用情况才达到第一个高峰期。而且在20世纪80年代末之前，由于存在着一些技术缺陷，对塑料的使用评价一直很不好，不过现在这些问题已经在很大程度上被克服了。在当下，塑料已经被普遍用于制造多种建筑构件，作为一种功能性材料默默发挥着作用。

○

特性 尽管不同塑料的性能差异很大，但几乎所有塑料都具有下列特点：密度低，导热性差，热膨胀系数大，抗拉强度高，以及性质稳定（耐水和其他多种化学物质）。它们在长期使用的过程中会受到温度的极大限制：如果温度过高，塑料就会失去强度；而如果温度过低，塑料则会变得很脆。根据大分子结构等理化特性，可以把塑料分为热塑性塑料和热固性塑料两种类型[○]。

热塑性塑料 热塑性塑料是指在一定温度下具有可塑性，冷却后固化且能重复这种过程的塑料。在分子层面表现为受热后大分子会自身缠绕在一起，而不形成化学键。随着温度升高，材料会首先变得有弹性，然后开始融化。这种弹性特性对于用聚乙烯（PE）、聚氯乙烯（PVC）或乙烯-四氟乙烯共聚物（ETFE）制造的条带、薄膜以及塑料地板

> ○ **提示**：塑料是有机化合物，但是它们没有固定的微观结构。因此，在性质上也表现为多元化的特征，塑料的塑造方式类似于金属（见第53页），在微观结构特性上和玻璃（见第59页）类似，而使用方法则与木质复合材料（见第30页）相近。同时，它们也是纺织品常用的原材料。

○ 高分子材料又名聚合物材料，按照其来源可划分为合成高分子材料和天然高分子材料两大类。合成高分子材料又分为塑料、合成橡胶和合成纤维。高分子材料又可按分子结构形态分为线型、支链型和体型三种。对于塑料而言，线型高分子可以制成的是热塑性塑料，体型高分子则可以制成热固性塑料。——译者注

图3-47 塑料的各种用途（薄膜、处理过的塑料板材、塑料板材）

图3-48 聚碳酸酯立面

而言至关重要。同时，对于无定形热塑性塑料[○]而言，丙烯酸玻璃（PMMA，俗称有机玻璃，也称亚克力）具有质硬、不易破碎和高度透明等特点（图3-47）。而相比之下，聚碳酸酯（PC）是半透明的，表面硬度也较差，但韧性、阻燃性和抗氧化性都要好一些（图3-48）。通过发泡工艺可以将热塑性塑料所含的空气量提高到最大程度，并由此提高它的保温和绝缘性能，例如聚苯乙烯（XPS/EPS）或者聚氨酯（PUR）。

○ 提示：塑料有时候会根据商品名、组成成分或制造方法的缩写来命名，这有利于快捷而简便地进行书写和比较研究。

○ 热塑性塑料按照分子结构排列可以分为分子链排列松散不规则的无定形（Amorphous，又叫非结晶）塑料和分子链排列紧密且规则的半结晶（Crystalline）塑料。——译者注

图3-49　各种塑料半成品的表面

热固性塑料　　　热固性塑料是指在受热或其他条件下能固化或具有不溶（熔）特性的塑料，这种特性来自于其分子层面的三维交联结构。高度交联后，网状的分子链会组成一个大分子结构，从而具有不溶、不熔的性质，因此热固性塑料的加工成型只能在形成交联结构之前，一经形成交联结构，形状就不能改变。就加工流程而言，热固性塑料是在压力、高温和化学添加剂（固化剂）的综合作用下进行生产的。常见的热固性塑料有酚醛树脂（PF）、环氧树脂（EP）、氨基树脂、醇酸树脂和不饱和聚酯（UP）等。其中，环氧树脂常用于制造防护涂层和胶粘剂，与玻璃、碳纤维或芳纶纤维相结合，还可以生产出用于承重结构的高性能材料。

合成橡胶　　　合成橡胶由交联的低密度分子链组成。由于它的耐磨性好，而且能够在一定程度上抵抗部分化学物质的腐蚀，因此常用于地板和绝缘条。同时，它还具有良好的弹性性能，能够（通过化解振动）起到隔声的作用。硅树脂（SI）是一种特殊的合成橡胶，它的结构是以硅而不是碳为基础的。这种分子结构使得硅树脂具有良好的热弹性，既耐热又耐寒，因此也成为室内和室外的首选密封材料。此外，硅树脂也非常适合作为立面的嵌缝材料。

生产加工　　　塑料通常是由石油等化石原料提炼后的副产品制成的，但也可以用可再生的原料来制作（如生物塑料是由植物的淀粉或生物物质转化制成的）。就加工过程而言，通常是先将原料处理成颗粒状，然后通过模压工艺制成塑料半成品。在工业生产中，还可以通过加入添加剂来赋予产品独特的性能和各种不同的颜色。

成型方法　　　塑料的成型方法包括挤压（在压力机中通过端口成型）、注塑

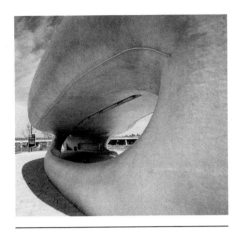

图3-50　霍夫多普公交站

（在压力和高温下压入模具）、压延（轧制和冲压）、膨胀和发泡。通过挤压可以生产出横截面极其复杂的塑料中空板或其他型材（图3-47中）。而轧制则能够生产出平整的条带和片材，之后还可进一步在它们的表面进行冲压。但有些板材的成型还需要考虑到具体的结构，比如大跨度的波形板。地板的表面可以通过特殊处理来提升防滑性能（图3-49中、右）。此外，虽然注塑成型能够提供相当大的设计自由度，但是要牢记产品必须在硬化后才能从模具中取出。通过这种工艺不仅可以生产手柄等模压零件，也能够制造出各种纹理的板材（图3-49左）。

热塑性塑料有一种特殊工艺叫作热成型，也称为深拉。在这种工艺中，首先要对热塑性塑料进行加热，然后将其压在特殊的模具里或者直接在真空中成型（图3-47右）。此外，还可以通过计算机辅助的三维铣床将泡沫塑料制成各种想要的形状，通过这种工艺制造出的产品常被用作"外壳"涂料背后的基层（图3-50）。　　　　　加工后处理

塑料板材之间的连接方式与玻璃板相似。如果是成型的板材，那么它们的边缘通常是经过处理的，以保证上下两块板材能够通过相互连接的表面传递法向力。比如波形板就可以通过叠合形成一个防水的连续表面（图3-47中）。而条带和薄膜则需要通过黏合、硫化或焊接的方式来连接。但无论是叠合还是焊接，其叠合的部分和焊接的接缝都会凸出在表面之上（图3-47左）。焊接可以是通过提高温度和施加　　　　　塑料产品的连接

图3-51　各种纺织品

压力来粗糙地完成，也可以像高频焊一样进行严密地控制。在焊接时，通常会使用金属钳对末端进行固定。

循环利用　　　　塑料的一次能源含量通常比较低，与其他建筑材料相比，其耐久性也较低。废弃的热塑性塑料可以在清洗后加热熔融，然后重新加工成可用的产品。热固性塑料也可以在粉碎后加入胶凝材料，用来作为热成型产品的填料。但是最常见的循环利用方法还是把废弃塑料和其他垃圾一起焚烧，再将焚烧产生的热能用于加热或发电。

3.13　纺织品和膜材

人类文化从很早的时候就对织物的结构产生了初步的认识。帐篷是游牧民族理想的居所，因为它们易于生产，搬运方便，并且可以在短时间内完成搭建和拆除，便于牧民的迁徙。纺织品，尤其是地毯，也是游牧文化中最简单的界定空间的方法（图3-51）。在当代建筑中仍然可以见到纺织品的身影，尽管它们的用途相比以往已经大有不同。

纺织品的生产　　　　"纺织品"一词源于拉丁语，意思是编织或编结的，强调编织的过程，与使用的材料无关。如果纺织品的原材料是在二维结构中布置的，那么它们就被称为织物，包括机织物和针织物。而纤维相互缠绕在一起组成无序、均匀结构的纺织品则被称为非织造布，主要包括了

○ **提示**：纺织品和薄膜没有固定的成分和结构，它们可以用天然纤维、塑料（见第64页）或者金属（见第53页）加工制成。

各种毛毡和无纺布产品。这种三维结构使得它们也适合被用在建筑工程中，例如用于墙体或楼板的隔声。

纺成线的天然纤维是纺织品最常见的原材料。其中，如果对触感和防潮的要求比较高，主要会采用棉和羊毛。而如果对耐磨性要求比较高（比如用于地板覆盖物），则主要会采用椰子和剑麻等更粗糙的纤维。但无论是哪种天然纤维，都可能会受到真菌、细菌或昆虫的破坏。相比之下，采用人造纤维就不会有这种困扰，而且通常人造纤维的韧性会更好，用聚酯或尼龙制成的织物特别耐撕裂。如果再涂上涂层的话，它们还能达到既防水又透气的效果。在某些情况下，金属也可以作为织物的原材料来使用，例如钢丝和铜丝。它们的强度很高，而且通过特殊的编织工艺也能实现半透明的效果。

纺织品的原材料

○

纺织品的触感柔软又温暖，令人舒适。它们的这种特性是由制造方法和基本原料共同决定的。同时，还存在这样一种纺织品，其主要用途不是为了美观和装饰，而是更为实用的目的，它们被称为功能性纺织品。这类纺织品不仅能够抵御一些地区的气候变化，还可以承受一定的拉伸荷载。

特性

纺织品通常是缝合在一起的，因此一般会出现接缝。但接缝可以进行非常巧妙地处理，既可以通过接缝的颜色对其加以强调，也可以通过反面缝合的工艺，将其处理得一点都不显眼。受到充分张拉的纺织品，其连接方式应该是线状的而非点状的，这是因为点状受力会造成应力集中。为了避免这种情况，应在连接处保证足够的连接区域，例如可以通过环圈（如帽圈）、缝褶和加固把拉力均匀地分布在宽阔的表面上。最后通过绳索将力传递给支撑结构。

纺织品的接合

半透明的薄膜虽然用料少，但具有良好的耐候性，因此非常适合用来调节光线。对于作用力以拉伸荷载为主的临时建筑而言，过去常

膜结构

○ **提示**：所有的纺织品都可以通过化学处理或者增加涂层来提高它们的性能。然而，这些涂层可能会含有有毒物质。因此，使用标签可以在一定程度上保证生产过程的透明度。

图3-52　筒形的纺织品屋面结构

图3-53　多层膜结构立面

选用纺织品作为其主要材料，因为通过经纱和纬纱（制造商对90°线的称呼）编织的形式能够分散应力。但在现阶段，塑料薄膜已经可以用作纺织品的替代品。膜结构通过三维的几何曲面能够平衡整体的张力，反曲的结构（如鞍形或双曲抛物面）在没有额外支撑的情况下也能够让薄膜保持受力平衡。但是薄膜的边缘通常要保持弯曲，因为若边缘拉成直线，薄膜的受力会变得极度不均匀，甚至可能导致部分着力点所受拉力飙升。与此同时，受力较少的区域由于缺乏支撑也会容易发生震颤，其振动的传递还可能会让建筑的其他构件受到影响甚至损坏。因此，在使用膜结构时，必须要首先确定膜上的几个点作为分散荷载的地方。再往同一个方向弯曲表面，形式上类似于半球或者圆柱体。然后，在辅助结构的帮助下，膜上的支撑点和支撑线就能够最终固定住薄膜的形状（图3-52）。

可变结构　　　　由于薄膜的自重较轻，因此也常用于那些需要变化形态的结构中，例如有折叠功能的屋顶，使用薄膜能够将展开状态下的大量体积迅速收起。相比之下，这里就非常不适合采用有涂层的玻璃纤维织物，因为它们在开合过程中不够防皱。

多层膜结构　　　　多层膜结构能够起到隔热的作用，因此也可以用在一些重要的永久性建筑中（图3-53）。通常情况下，多层膜结构的传热系数能够保

图3-54　膜结构和纺织品的各种用途（防晒遮阳、防窥视和防止眩光）

持在2.7~0.8W/（m² · K）之间[⊖]。但是，由于薄膜有气密性，故必须在多层膜上预留开口用以通风，以保证室内的空气流通。有了通风系统后，可配合其他操作，形成一个防太阳辐射系统。具体而言，在每层薄膜的表面上都印有交错的图案，通过控制膜结构中气体的体积，能够同步调整这些图案与太阳的位置关系，从而实现对太阳辐射的防护（图3-54左）。

　　地毯和毛毡制品是最常见的地板铺装材料，因为它们在触觉感受和室内声学效果方面都提供了很高的舒适性，能够进一步提升住宅内的居住体验。同时，用纺织品来包裹座椅和把手，并在底座上覆盖由泡沫材料或毛毡制成的缓冲垫，也能够在很大程度上提升人们对座椅的使用体验。此外，纺织品还适用于活动的嵌入式结构和窗帘，通过它们可以控制房间内外的视线交流以及调节室内的光线氛围，从而实现整体的建筑效果。具体而言，当它们展开的时候，表面会呈现出半透明的效果，而在折叠时，它们的褶皱又形成了一种立体感（图3-54右）。

室内装饰

⊖　传热系数是指在稳定传热条件下，围护结构两侧空气温差为1度（K或℃），单位时间通过单位面积传递的热量，单位是瓦每平方米开[W/（m² · K），此处K可用℃代替]，反映了传热过程的强弱，传热系数越小，则结构的保温隔热性能越好。——译者注

建筑设计是一个从无到有的过程，它的特殊之处在于设计的过程中建筑并没有实体的存在，或者说暂时还没有实体。没有人可以真正地身处其中来感受它。然而，其实它早已存在于草图、图纸、模型和文本之中。当我们看到首层平面和立面外观时，看到形式和颜色时，看到表达和氛围时，整座建筑就已经通过设计和勾画被呈现在了我们的面前。它就在那里，但也还没有在那里，因为建筑和材料是密不可分的。无论用的是木材、石材、混凝土还是钢材，建筑总是要通过具体的材料才能实现最终的落成。有时，在设计阶段就能很直观地看到材料的精确表现，但有时也仅仅是一个模糊的印象。可以说，材料在一定程度上决定了建筑的最终效果，因为建筑的本质就是功能、形式和材料的内在和谐。

设计师应该如何让材料的最终形式富有表现力呢？从本质上来说，可以分为两种设计策略：即要么以材料作为设计的出发点，要么在设计过程之初就完全独立于材料来思考。如果从材料入手，那么设计的形式和结构都会围绕着材料的特性来形成（见第25~26页）。而对独立于材料开展的设计而言，哪怕经过了前期的不断推敲，也必须在某一阶段转换到材料的体系中才能继续进行，并且这时候还可能会导致原设计一定程度的修改。

设计策略

○ **提示**：即使最初的草图和设计构思与材料没有直接的联系，在最后的图纸中也要对材料进行表现和标注。体会材料物质性的唯一途径，就是亲自去感受材料本身。就这一点而言，生产商或加工商通常会为项目提供免费的材料样品。这样，在收集材料的同时，也逐渐累积起了运用各种材料的经验。

○ **提示**：无论是带有材料考虑的设计构思，还是头脑中没有任何特定材料的抽象想法，这两种设计策略都是值得尝试的。通过对两者的摸索实践，设计师将在其中找到自己专属的设计方法。因此，设计策略并不是一成不变的，最合适的设计策略总是取决于最具体的需要。

4.1 设计的基本条件

语境[注] 往往在设计之初，设计和材料就与特定的语境联系在一起，而语境范畴中的环境是设计最重要的基本条件，尤其是周边建筑的尺度和比例等特征，当然还有它们的材料特征。同时，当地的气候和水文条件，以及该地区的乡土材料也非常重要。除环境外，设计的基本条件还包括：建筑的功能、空间的规划以及进行施工和运营所需的资金。

既有建筑 在设计任务中，有时还需要对场地内的既有建筑进行重新规划和改造。因此，它们的结构、构造和材料特性也成为之后做出设计决定和材料选择的依据。除此之外，设计师还必须考虑到一些其他的基本条件：交通、用户的需求、规划和建筑法规以及特殊的技术要求。通过对这些基本条件的分析研究，对于设计、材料和结构构件的要求也逐渐在设计师的脑海中变得清晰。在这之后，他们的任务就是探索所选择的每一种材料的特性和局限性，并将它们凝聚成一个协调的整体。

例如，现在根据场地和任务书的要求，要设计一座木结构建筑。但如果把这种有机材料直接暴露在潮湿的环境中，就会滋生真菌和细菌，导致木材被破坏（参见本书"3.2 木材"）。因此，在室外使用木材时，必须对其进行耐候性保护。对于设计而言，这就意味着需要将木质结构与地面分离，换句话说，就是要把它抬高或者放在一个坚实的基座上（图4-1）。接下来，还要考虑木结构建筑的设计和防火规范：作为一种易燃的材料，木材不能用于紧急出口和避难区。同时，对于一些极端情况而言，例如由于造价的限制或其他原因而无法设置防火涂层、消防喷淋头等防火装置，就不能使用木材。

多变的基本 随着设计进程的推进，许多具体的要求可能会发生变化，有时，
条件 不同的要求之间可能还存在着互相矛盾的情况。一方面，对诸如防

○ "context"一词从西方传入中国的过程中就翻译问题引起过很大的争论，20世纪80年代的建筑学者受语言学学科影响，多用"文脉"一词来指代城市与建筑的关系。但21世纪以来，建筑学者常将其译为"语境"，而多将"文脉"一词用于与历史文化相关的场合。此外，相比"文脉"所指代的场地物理及历史环境，"语境"一词加入了建筑师个人以及新建筑对场地的介入过程。具体内容可参见学者成然的《20世纪80年代以来中国建筑观念中context概念的发展》一文。——译者注

图4-1 石制的柱基

火、环保之类的安全需求在不断提高。使用者也追求越来越高的舒适性，他们需要更耐用的材料、更少的维修次数，以及更高水平的气候舒适度。另一方面，随着交通的日益便捷，建筑材料不再局限于从本地采购，地域性逐渐消退，随机性和多样性正在悄悄渗透到材料的选择中（参见本书"2.2 材料要求"）。

设计师必须仔细权衡各种基本条件，必须意识到未来的技术发展和社会需求会对建筑造成怎样的影响。但与之相悖的是，在当今这个媒体社会中，信息越来越复杂而不可控，人们因此愈加渴望化繁为简，渴望找到熟悉的感觉。各种新材料、施工方法和技术层出不穷，正好站在了这个日益增长的时代需求的对立面。总的来说，一方面要拥抱繁杂多样的新事物，一方面要兼顾人们从简怀旧的心理，这种矛盾的状态在给设计师设下重重困难的同时，也为他们指明了未来的道路。在项目进行的过程中，设计师可以基于这两方面的考虑来检验自己的工作，这有助于以一种既立足当下又面向未来的方式精确地制订出可行的建筑方案。

4.2 围绕材料开展设计

对于过去的建筑而言，材料的选择通常是基于建筑工地附近的自然条件，当地材料的产量和丰富度直接决定了设计能否得以实现。因

传统和地域性

图4-2　借助木材对地方文脉进行表达

此，当地的建造传统与当地材料有着密切的联系，对当地材料长久以来的使用经验最终塑造了该地区的建造方法。时至今日，材料的远距离运输已经可以轻松实现，但地域性的建造方法依然非常重要，因为它们体现了建筑与场地乃至整个地区的联系，并且能够很好地与周围的环境相适应，例如那些森林中的木屋、岩石地带的石屋以及黏土地区的砌体建筑（图4-2）。

材料创新　　　　当然，一种不同寻常的或全新的材料也可以作为设计的出发点。这种方法很不容易，因为必须在一开始就完全忽略掉全部的基本条件，包括某种材料的一般用途或是针对相关语境的常见设计手法。然后，就要开始考虑这种材料在什么情况下适合使用以及如何使用。例如，采用新的或在建筑领域不常用的材料，也许能够实现更好的舒适性和耐久性，或是节约造价。同时，新颖的材料和不寻常的使用方法也可以形成很强的表现力，创造出常见工艺无法达到的特殊氛围（图4-3）。此外，这种设计方法也仍然有和地域性联系在一起的可能。正是当古典的形式和创新的材料结合在一起的时候，建筑的氛围感和绚丽的场景才会被创造出来。例如最简单的双坡屋顶，通过搭配闪闪发光的金属表面或彩色的饰面板，也能够表现出神秘而震撼不减的迷人效果（图3-48）。

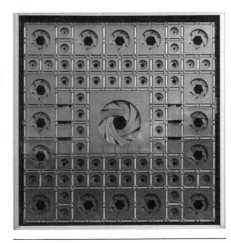

图4-3　可调节的钢制遮阳装置

4.3　基于设计选用材料

正如前面所提到的，设计也可以独立于材料来开展。在这种情况下，材料的选用只会在之后的阶段中发挥辅助性的作用。具体而言，设计师会首先对建筑的形式、空间以及室内外的关系进行构思（图4-4）。此时，空间是从感性的理念发展而来的，空间的品质和效果是设计师考虑的首要因素。在此基础上，设计师会开始寻找能够实现这种效果的材料。给设计赋予材料的特性是一项艰巨的挑战，同时也意味着一种突破，它代表着想法正在变得更加精确和具体。一旦确定了具体的材料，各种设计构想都逐渐变成了实体的存在，并以恰当的形式在建筑中得到独特的呈现。材料赋予了建筑最终的意义，使视觉效果、气味、触觉和声学特性都变得具体。

给设计赋予材料

设计师也需要对材料的固有规律进行探索：首先是与承重和固定相关的内在作用力，而后是连接方式，最后还有材料的功能与用法。与此同时，建造的原理、构件的尺寸和材料的特性等，也都有助于强调设计的内在逻辑。但总体来说，设计实际上是情感和理智不断相互作用的结果，只在其中的某些片刻才会向理性的一面倾斜。因此，借由对材料的选择来理解和调整设计，不仅有助于设计师激发新的情感和想法，也为提高设计的品质创造了很多机会。此外，它还可以帮助

设计与材料的
对话

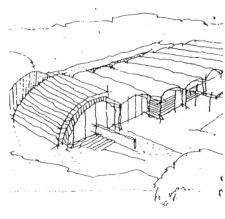

图4-4　训练馆的草图　　　　　　　　　　图4-5　线型木结构设计

检验早期的设计构思能否与特定材料的性质相协调。例如，纤维材料或具有方向性的材料非常适用于长条形的线型结构，而矿物材料则适用于大体量的建筑（参见本书"3.1　建筑材料类型学"和图4-5）。对于承重结构也是如此，所选择的材料不仅要满足外表的美观要求，还需具备一定的力学性能，通过内外的协同工作才有可能实现预期的效果。

设计方案的优化　　　　如果设计可以对所选的材料做出回应，并通过优化设计方案来适应材料特性所施加的限制条件，就能够极大地保证项目的最终品质。反过来说，所选材料的这些限制条件也有助于明确设计中的各种要求。例如，建筑的气候边界部分[○]必须满足严格的耐候性要求，不仅需要具备防水、防风的能力，还需要确保室内温度的舒适稳定。而建筑的承重结构则必须非常坚实耐用，并且能够在不造成任何损害的前提下，消解所有作用于其上的力。除此之外，还有包括造价在内的其他要求。以上所有要求最终限制了可用于实现设计的材料的选择范围，而对于所选材料的回应也直接构成了设计的内在逻辑（图4-6）。

○　气候边界在建筑概念中指的是区分室内与室外的边界，包括墙体和门窗等。——译者注

图4-6 训练馆的屋顶结构

设计与材料的关系还存在着另一种可能性，即根据设计来开发材 关系的转变
料。目前，调整材料特性的可能性越来越大，我们甚至可以想象，在
未来，材料的所有性质都可以按照使用者的需求进行控制和调整。同
时，如果建筑师的创造力与工程师和制造商的专业知识能够很好地结
合在一起，就有可能开发出新的高效材料，从而进一步丰富设计的内
容，并提高建筑的质量。但反过来说，如果这些问题没有得到透彻的
思考，则可能会导致设计师的选择过于随意，以及一些潜在的技术
风险。 ■

4.4 设计方法

无论选择什么样的设计方法，只要能够对材料进行准确的、有意
义的使用，都会对设计的品质以及最终落成的建筑物的品质产生至关

■ **小贴士**：给设计赋予材料的特性意味着首先要
对材料进行深入的研究。具体而言，可以从掌握
建筑商提供的各种材料的样品入手。在此之后，
仔细研究各种材料的运用，无论材料常见与否，
并分析它们的技术和感官特性，从而慢慢积累起
自己的认知，这是形成独立的设计方法和思想的
基础。

重要的影响。从建筑学的角度来说，建筑不仅能够呈现出设计师个人的理念，也可以被不同的观者以其自身的想法来解读，并由此获得新的意义。材料是建筑语汇的核心元素，与材料相关的词汇也揭示了特别适用于表现材料"物质性"的设计手法，下面将对此进行更详细的讨论。

4.4.1 整体感（雕塑感、实体感）

具有整体感的
建筑
  建筑是否具有整体感，取决于材料的选用和表达。在过去，通常能供给一个地区使用的建筑材料非常有限，有时甚至只有一种材料能够用于建造。在这种情况下，使用单一材料建造的建筑就容易形成一种整体感。例如，埃及金字塔、罗马万神庙和中世纪的城堡都是具有整体感的建筑（图4-7）。

  如果只使用某一种材料进行建造，那么它就能够主导整个建筑效果的表达。在现代建筑中，清水混凝土建筑（参见本书"3.5 混凝土"）的形象似乎诠释了"整体感"这个词的字面意思：建筑看起来就像是"一整块石头"[⊖]。同时，砖（参见本书"3.9 陶瓷和砖"）和天然石材（参见本书"3.4 天然石材"）等砌体材料也可用于营造整体感，例如天然石材板可以通过低调的方式连接，铺成整片幕墙。建筑师总是在努力营造一种浑然一体的空间效果，而通过只使用单一材料的设计方法，就能够很自然地达到这个目的。但如果真的只使用一种材料，可能无法满足所有的建筑需求，因此建筑的表皮和其内部结构可以由不同的材料构成，只需满足外观上的统一即可。

整体感
  随着建筑需要满足的要求越来越多，整体感的效果已经变得越来越难以实现。例如，采用天然石材砌成的实心墙体已经无法满足当今的舒适性要求，与其他材料相比，价格也显得过于高昂。因此，当代建筑的表面和内部结构通常都是由不同的材料组成的。在外部可见的清水混凝土立面背后，藏匿着包括保温层、管道和线路在内的很多内部设施（参见本书"3.5 混凝土"）。而每种材料构件也都有最适合

⊖ 整体感的英文"monolith"，其本意就有一块巨石的意思，作者这里的表述是一语双关。——译者注

图4-7　罗马万神庙的穹顶结构

图4-8　瑞特博物馆的石材立面

自己的功能，比如说用于支撑、加固、保温或者密封。同时，就材料而言，无论是大面积的天然石材，还是砖块、灰泥或室内的石膏板，只要接缝处理得非常精巧，都可以形成比较整体的效果。但反过来说，如果从外部能够看出面层的实际厚度，或者有粗糙错位的接缝，建筑的实体感就会被破坏。因此，如果想要保持建筑的整体感，材料的接缝处理就显得格外重要，通过在墙角处使用隅石和封闭性的接缝能够在一定程度上加强整体感的效果（图4-8）。

4.4.2　构造层次与基于面的设计

如果想要尽可能充分地满足技术要求，就不可避免地需要采用分层组合的做法。这种情况不仅是针对外墙和屋顶结构而言的，当今

层次的功能

■ **小贴士：** 具有整体感的建筑效果，以及由此产生的具有很强的实体感的建筑，都是通过减法设计创造出来的。在对一个实体感建筑进行有限的开洞时，一种做法是开深深嵌入体块中的小洞口，以体现墙体的厚度；另一种做法则是开与建筑融为一体的大洞口。若采用第二种做法，洞口的窗应与外墙面完全齐平、无缝过渡，看起来像是一个连续的面（尽管由不同材质拼成）；同时外框也要尽可能纤细，因为太显眼的框会破坏面的连续感；当然，洞口使用的反光材质（例如玻璃、金属等）也应与不透明主体上类似的光滑表面相统一，彰显用材的相互呼应，成为整体表面的一部分。

的建筑规范也对内墙提出了很高的要求。总体而言，建筑需要满足的技术要求正变得越来越多，包括荷载的分配和加固、保温和气密性、隔声和防火、湿度的调节和损伤预防等。（参见本书"2.2　材料要求"）。

可见/不可见的
构造层次

　　在透明的结构中是看不到分层的。对于普通的双层或三层玻璃来说，玻璃板自身可以起到密封的作用，而在玻璃板之间的缝隙中注入惰性气体，还能够进一步提升其保温和隔声的性能。同时，借助不同的涂层既可以把热量反射回屋内，又可以防止过量的阳光进入（参见本书"3.11　玻璃"）。根据每个层次的功能特性来将其进行组合是建筑师的关键任务之一，就具体操作而言，应列出每个面（空间意义的面，包含了一座建筑中所有的墙体、楼板及屋面，后文出现的"面"的意思均相同）必须满足的要求，然后根据各种材料的技术特性进行选择，将其合理地分配到每个面的构造层次中，从而充分地满足这些要求（参见本书"2.3　技术特性"）。此外，每个层次都有不同的使用寿命，因此在组合使用时，必须要基于它们的技术特性来协调地搭配。

基于面的设计

　　基于面的设计，是将面作为造型构成的基本元素，遵循面的立体构成逻辑，它们不会形成具有整体感的建筑体块，而是呈现为各个单独的面。同时，这些面组合在一起的方式也能够营造不同的建筑形象：割裂感，而非连贯感；动感，而非凝固感；与上述观感厚实的整体感建筑相比，也更显轻盈，乃至呈现出一种脆弱感（图4-9）。

　　与体块感的形成不同，这些面不再局限于对齐建筑物的边缘，它们可以收束在边缘之前，也可以突出到边缘外，从而形成不同的视觉效果。同时，各个面也可以在靠近边缘时逐渐弱化，形成一种柔和的过渡。此外，还可以移除部分不透明的层次以体现主体结构，并借此进一步加强观者对层次结构、建造过程以及整座建筑的理解（图4-10）。

　　在设计的构思阶段，设计师一般会设想面是没有厚度的，像一张纸一样。但实操中，建材肯定会有一定厚度，尤其是隔热层。若想让面看起来轻盈，可将覆层暴露并在视觉上与其所附着的结构分离开来。在这种情况下，通常会使用金属板来作为覆层（参见本书"3.10

图4-9　针对面的设计　　　　　　　　　图4-10　消解建筑表面

金属"），但如果玻璃或塑料（参见本书"3.11　玻璃、3.12　塑料"
等）能够加工成薄板的话，也可以作为替代产品来使用。

4.4.3　统一性与多样性

　　各个构造层次由不同的材料组成，发挥不同的作用。而多样性不仅仅存在于各个构造层次之间，建筑的各个表面也会面临不一致、甚至是相互矛盾的需求。例如：建筑的底板不仅要持续承受上方的荷载，还要满足防潮的要求，所以与墙面及其覆层存在着很大的不同；而建筑的正面和背面也应该反映出不同的视觉效果。因此，只使用单一的材料很难实现这些目标，必须要用多种材料才能充分满足上述的各项要求。借助丰富的材料不仅能够表现和区分建筑内部的各种功能，还可以调整建筑体量和比例的观感，并为立面和空间营造多样的效果（参见本书"2.1　感知材料"），这是单一材料无法实现的。这就像是一幅拼贴画，通过将各种普通材料（甚至是一些废旧材料）放置在一个新的、不寻常的位置上，能够让那些之前不怎么受重视的材料焕发出新的光彩（图4-11）。

　　广泛利用各种现有可用的材料能够创造出很多新的可能，但如果贸然地把各种不同性质的材料组合在一起使用，也会造成潜在的技术

从单一到多样

多样性带来的
张力

图4-11 材料的拼贴

图4-12 通透和轻盈的效果

和结构风险。如果设计的概念或者建筑的效果诞生于不同材料对比产生的张力之中，那么该设计的品质就不取决于某种既定材料的特性，而是取决于这种多样性本身。由此，材料的复杂性成为整个设计的主导，并通过多相的（由不同成分组成的）形式表现了出来。同时，不同材料之间的对比还会产生新的联系和张力。而在此基础上形成的各种表面、色彩和感官效果，也能够非常直观地传达出不同的含义，并创造不同的氛围。

4.4.4 结构与表面

虽然建筑必定会承受重力，但却不一定要把它表现出来。因此，可以通过两种截然不同的方法来处理承重结构：既可以突出表现结构和它的支撑作用；也可以刻意地隐藏它，以创造一种违反重力的视觉效果。正如之前所阐述的那样，整体式、基于体块的设计方法可以强调结构的存在感。而对体量进行拆解则可以产生轻盈的效果，并弱化结构在视觉画面中的比重。基于材料的特性，可以对承重构件的布置、尺寸和设计进行把控，从而最终决定建筑的轻盈程度。例如，使用包括钢材在内的高强度材料可以减小结构的横截面；而光滑的表面则能够在一定程度上增强轻盈感（图4-12）。

在建筑表面大面积延伸的颜色或图案会产生明亮而轻盈的效果，达到近乎将建筑消融的程度。例如，精美的花纹、饰片和闪亮的表面，在釉面砖上都显得非常合适；而对于高度抛光、表面非常平滑的天然石材和玻璃而言，使用同种纹理可让其看起来像是一片连续的表面。显然，一些必要的开洞也不会破坏这种浑然一体的观感。此外，这种带纹理的表面还会随着观察位置的变动而闪烁并呈现出不同的效果。

轻盈与厚重

另一方面，通过使用金属网、丝网或者穿孔金属板，可以创造出轻盈通透的立面效果。（参见本书"3.10 金属"）而在灰泥或天然石材这类不通透的材料上雕上浮雕，也能获得轻盈的效果。与这种效果相对的是粗糙的原石，它是坚固和厚重的象征。只要砖的质地是粗糙且无光泽的，那么砌筑的砖墙就也能产生同样的厚重效果。此外，砌块胶粘剂的选择，尤其是从接缝和灰浆的角度来说，对整体效果的塑造也起到了关键作用（参见本书"3.9 陶瓷和砖"）。

细微的差别也会对建筑的外观产生很大的影响：是光滑的还是有纹理的，是粗糙的还是精细的，是有缝的还是整体的，是色调均匀的还是有斑点的。一方面，这些差异可能是材料本身固有的。例如，天然石材可以是颜色均匀的，也可以是色泽艳丽的，或是有细腻纹理的；而砖则具有丰富的颜色，包括黄褐色、亮红色和红棕色；以及数不胜数的各种类型的木材。另一方面，使用不同的加工方式也会产生细微的差别（参见本书"3.1 建筑材料类型学"）。例如，通过材料涂层可以实现不同的效果：无色的或彩色的，无光泽的或釉面的。

细微的差别

4.4.5 接缝与连接件

接缝与连接件总是出现在各种建筑构件相结合的地方，它们既可以将建筑中的各个部分组合成一个整体，也可以保持不同部分的分隔和独立，以形成不同的视觉效果或者布局。乍一看，它们好像只是建筑中的次要元素而已，但实际上，它们也具有重要的视觉作用。

不过，从根本上来说，接缝的存在并不是为了表现材料的分隔，而是为了强调材料的组合。接缝是建筑的必要组成部分，它并不是某种材料，而是由"连接"和"缝隙"两个性质定义的。一方面，接缝

分缝设计

是材料的一种表现元素，它既可以强调材料本身，也可以强调材料之间的空隙；另一方面，接缝作为建筑立面的细节，有助于观者确定一座大型建筑的尺度。接缝的形式通常都是基于特定的技术要求来进行设计的，如材料的规格、伸缩缝的间距或建筑中某种特殊构件的性质。但即使如此，设计师依然拥有创意的空间：分缝设计既可以根据楼层划分、结构体系和洞口布置的逻辑发展出来；也可以有意识地隐藏这些因素，并通过自由的分缝设计掩盖它们。此外，接缝的形式也会对建筑的形式节奏和尺度美感产生很大的影响，例如：在砌体结构中，密实的接缝能够强调建筑的实体感，使设计看起来更加均匀、厚重；内凹的砖块接缝则加强了墙体水平分层的效果；对于比较薄的面层来说，开放式的接缝还可以暴露出后面的结构，以强调内外层级的
■ 分离（图4-13）。

紧固件　　连接可以是外露的，就像用来固定木板的螺钉；也可以是藏在内部的，如天然石材幕墙内部的连接件。连接件的首要任务是确保构件能够被精确地固定，但同时也要为材料的形变预留一定的空间。石材的形变通常比较小，但对于木材和金属来说，形变却是一个关键的考虑因素。从视觉感受的角度来说，将紧固件藏在内部可让外表面材料的整体效果得到强化，而外露的紧固件则表现了精确简洁的工艺和更换构件的可能性。此外，如果能够将紧固件以特定的节奏进行重复排布，那么还可以在一定程度上改变建筑的外观。例如，钢结构上铆钉的排布就体现了承载力的分布情况（图4-14）。同时，和许多其他暴露出来的连接件一样，它们也体现了建筑构件的安装过程。

接缝的效果　　接缝和连接件能够对材料的特性进行强调，并借此形成协调统一的整体效果。但另一方面，它们也可以被有意识地突显，以更强的效

> ■ **小贴士**：在设计（由接缝形成的）图案的时候，首先可以选用那些常用的、简单明了的连接方法，它们使设计显得更为清晰且有逻辑。然后，在此基础上，就可以进行其他更自由地创作，例如：抽象的接缝图案可以使设计看起来更具活力。

图4-13　具有装饰性的接缝　　　　　　　　图4-14　法兰克福中央车站

果盖过材料本身。在这种情况下，材料的重要性被削弱，接缝的形式
和连接件以其独立的表现力成为设计的主导。但无论如何，接缝和连
接件都必须首先服务于整体的建筑理念，在此基础上才能进一步强调
其自身的连接特性。这是因为一座建筑是由无数个部分组成的，每个
部分也都具有各自的功能、材料、形状和尺寸，而如果想要把它们组
合成一个整体的话，就必须要借助接缝和各种连接件。由此，接缝和
连接件的形式也决定了建筑细部的最终效果是连续的还是间断的、是
紧绷的还是轻盈的、是坚固的还是脆弱的。

5 结语

材料的选择、加工和细部处理在整个设计过程中起着关键的作用，形式和材料应该相互交融，协力创造出一个统一的整体。

材料的物质性

我们对于材料的感知，首先是在视觉上（基于光学的传导），主要包括色彩、纹理、反射度、接合状态以及许多其他的方面。同时，其他感官的反应也非常重要，例如：我们触摸到材料时的感觉是怎样的；它的气味、声学特征和热工性能又是怎样的。另一方面，当谈到材料的内在特性时，比如说它的物理结构、承重能力、耐久性以及对环境的影响，在很大程度上都是不可见的。但正是这些客观的"内在价值"决定了它在技术上的可行性，并使得最终的材料应用变得合乎逻辑且有意义。此外，很多人都同意这样一种价值判断：每一种材料都是由其所传达的意义决定的。但实际上，该理论并不能被客观地验证和分析。不过也正是基于这一原因，它们才能被不断地解读，并被赋予令人惊讶的新意义。

材料实现设计

给设计赋予材料的特性是一个非常激动人心的过程，这其中结合了感官的体验和专业的知识，通常还包括试验的乐趣。在这个创造性的过程中，只有尝试了尽可能多的材料表现方法，并在各种新的形式和结构中进行运用后，设计和材料特性才能实现真正的统一，简而言之，理念、形式和材料才能达到真正的和谐。此外，即使建筑尚不存在，设计师仍可以通过图纸、模型和材料测试来表现和模拟出建筑落地后的情况，从而对其效果做出充分的预测。

图片来源

第4页插图：爱德华·库里南（Edward Cullinan）的作品照片由维奥拉·约翰（Viola John）提供。

第20页插图：赫尔佐格和德梅隆（Herzog & de Meuron）的作品照片由亚历山德拉·戈贝尔（Alexandra Göbel）提供。

第72页插图：拉斐尔·莫内欧（Rafael Moneo）的作品照片由达姆施塔特工业大学建筑设计与室内设计系的麦克斯·巴彻（Max Bächer）教授提供。

图2-1、图2-2、图2-3、图2-4、图2-5、图2-6、图2-7、图2-8、图2-9、图2-10、图2-11、图3-1、图3-2、图3-3、图3-4、图3-6、图3-8、图3-9、图3-11由达姆施塔特工业大学的学生提供，其中特别鸣谢维奥拉·约翰和塞巴斯蒂安·斯普林格（Sebastian Sprenger）的工作。

图3-12、图3-13、图3-14马塞尔·布劳耶（Marcel Breuer）的作品照片，图3-16、图3-17、图3-18皮埃尔·路易吉·奈尔维（Pier Luigi Nervi）的作品照片，图3-19安藤忠雄（Tadao Ando）的作品照片，图3-21、图3-23、图3-24、图3-25、图3-27、图3-28右、图3-29、图3-32、图3-33、图3-34汉斯·科尔霍夫（Hans Kollhoff）的作品照片，图3-36、图3-37、图3-39约瑟夫·玛丽亚·奥尔布里希（Joseph Maria Olbrich）的作品照片，图3-42、图3-46彼得·卒姆托（Peter Zumthor）的作品照片，图3-44 HHS建筑事务所（HHS Planer + Architekten AG）的作品照片，图3-45克鲁克·塞克斯顿建筑事务所（Krueck Sexton Partners）的作品照片，图3-47、图3-48、图3-49普法伊弗·库恩（Pfeifer Kuhn），图3-51、图3-53、图3-54右赫尔佐格和德梅隆事务所（Herzog & de Meuron）的作品照片，图3-52 GMP建筑事务所（Architekten von Gerkan, Marg und Partner）的作品照片，以及图4-1、图4-2、图4-3、图4-4、图4-5、图4-6、图4-7、图4-8、图4-11、图4-12、图4-14，均由达姆施塔特工业大学建筑设计与节能建筑系的曼弗雷德·黑格（Manfred Hegger）教授提供。

图2-12由福斯特事务所（Foster and Partners）的奈杰尔·杨

（Nigel Young）提供。

图2-13、图3-30由乌尔夫·迈克尔·弗里默（Ulf Michael Frimmer）提供。

图3-5彼得·卒姆托（Peter Zumthor）的作品照片，图3-20弗兰克·劳埃德·赖特（Frank Lloyd Wright）的作品照片，图3-22赫曼·赫茨伯格（Herman Hertzberger）的作品照片，图3-35约翰·伍重（Jørn Utzon）的作品照片，图3-43福斯特建筑事务所（Foster and Partners）的作品照片，以及图3-52、图4-13，均由麦克斯·巴彻（Max Bächer）教授提供。

图3-7建筑工厂事务所（archifactory）的作品照片由格诺德·摩尔（Gernod Maul）、德国国家建筑师协会（BDA，Bund Deutscher Architekten）和北莱茵-威斯特法伦州协会（Landesverband NRW）联合提供，详见www.bda-duesseldorf.de。

图3-10贡纳尔·阿斯普朗德（Gunnar Asplund）的作品照片由克里斯托弗·克拉吉斯（Christopher Klages）提供。

图3-15 HHS建筑事务所（HHS Planer + Architekten AG）的作品照片由该事务所和科隆摄影师康斯坦丁·迈耶（Constantin Meyer）联合提供，详见www.hhs-architekten.de。

图3-31、图4-9由伯特·比勒费尔德（Bert Bielefeld）提供。

图3-24、图3-38由raumPROBE档案馆提供，详见www.raumprobe.de。

图3-26梅克斯纳·施吕特·温特建筑事务所（Meixner Schlüter Wendt）的作品照片由该事务所和克里斯托夫·克兰伯格（Christoph Kraneburg）联合提供，详见www.meixner-schlueter-wendt.de。

图3-28左由布莱恩·皮里（Brian Pirie）提供。

图3-28中由位于奥滕里德的创造者公司（Creaton）提供，详见www.creaton.de。

图3-40本·范·贝克尔（Ben van Berkel）的作品照片由卡特

琳·库尔（Katrin Kuhl）提供。

图3-41弗兰克·盖里（Frank Gehry）的作品照片由伊莎贝尔·舍费尔（Isabell Schäfer）提供。

图3-50 NIO建筑事务所（NIO architecten）的作品照片由该事务所提供，详见www.nio.nl。

图3-54左由费斯托公司（Festo AG & Co. KG）提供，详见www.festo.com。

图4-10由金·兹沃茨工作室（Atelier Kim Zwarts）提供。

作者简介

曼弗雷德·黑格（Manfred Hegger）：工学硕士，经济学理学硕士，德国国家建筑师协会建筑师，自2001年起在达姆施塔特工业大学担任设计和建筑节能领域的教授，HHS建筑事务所（HHS Planer + Architekten AG）的董事会主席，德国可持续建筑委员会主席。

汉斯·德雷克斯勒（Hans Drexler）：工学硕士，建筑师，明斯特建筑学院可持续建筑和综合设计客座教授，DGJ建筑事务所（Drexler Guinand Jauslin Architekten）合伙人。

马丁·泽默（Martin Zeumer）：工学硕士，达姆施塔特工业大学能源顾问，建筑生物学认证规划师，Ee Concept股份有限公司材料可持续利用部门负责人。

参考文献

[1] Borch, Keuning, Kruit, Melet, Peterse, Vollaard, de Vries, Zijlstra: *Skins for Buildings*, BIS Publishers, Amsterdam 2004.

[2] Deplazes (ed.): *Constructing Architecture*, 3rd, extended edition, Birkhäuser, Basel 2013.

[3] Hegger, Auch-Schwelk, Fuchs, Rosenkranz: *Construction Materials Manual*, Birkhäuser, Basel 2006.

[4] Hugues, Steiger, Weber: *Dressed Stone*, Birkhäuser, in cooperation with Edition Detail, Basel 2005.

[5] Kaltenbach (ed.): *Translucent Materials*, Birkhäuser, in cooperation with Edition Detail, Basel 2004.

[6] Koch: *Membrane Structures*, Prestel Publishing, Munich 2004.

[7] Reichel, Hochberg, Köpke: *Plaster, Render, Paint and Coating*, Birkhäuser, in cooperation with Edition Detail, Basel 2005.

[8] Wilhide: *Materials*, Quadrille Publishing, London 2003.